움직이는 생각하는

과학 X 스포츠

국립부산과학관

일러두기

1. 이 책은 국립과학관법인이 주관한 **<Are You Ready? 과학으로 보는 스포츠>** 특별전의 내용을 바탕으로 엮었습니다.
2. 삽입된 그림/사진 대다수는 특별전에 사용된 바 있는 이미지로, 그 저작권은 국립과학관법인이 소유하고 있어 별도의 출처를 밝히지 않습니다.

움직이는 생각하는

과학 X 스포츠

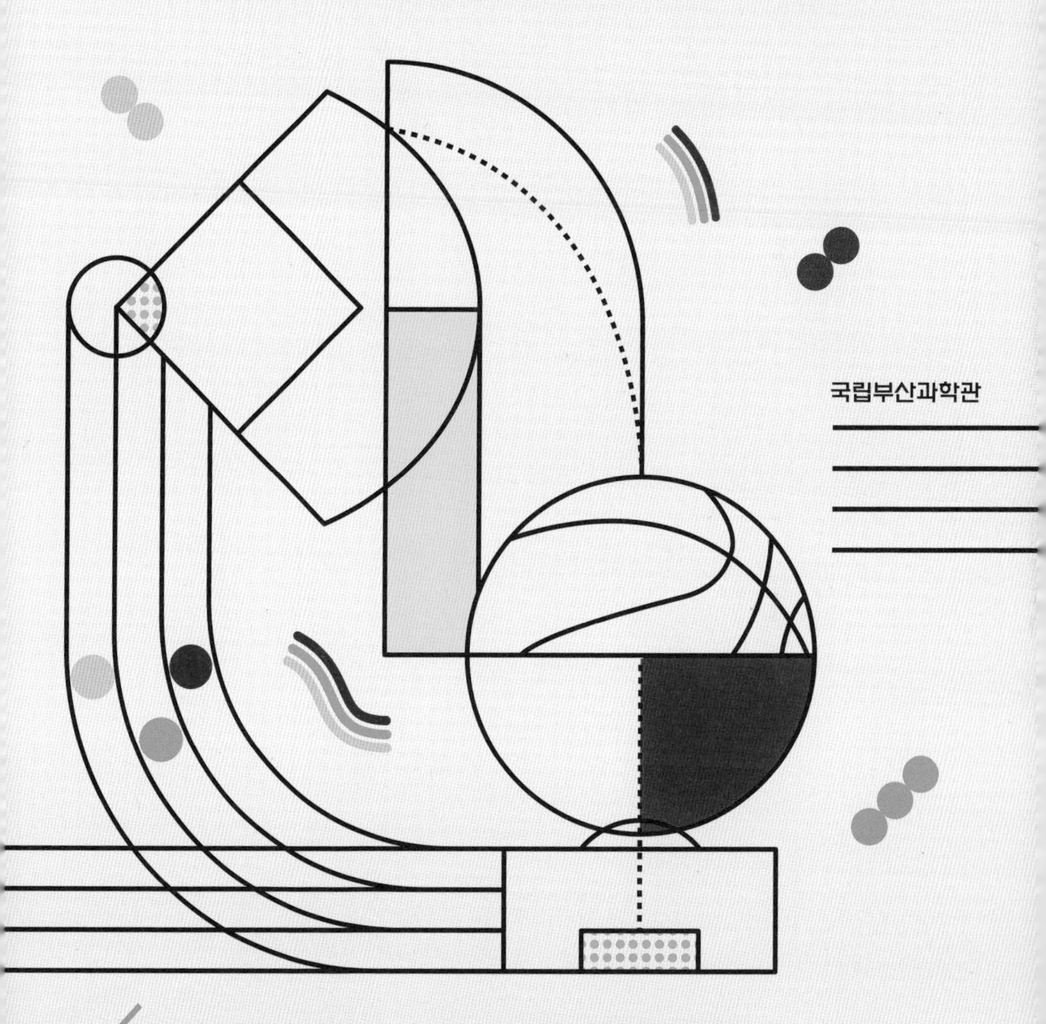

2024 화제의 전시
국립과학관법인
공동특별전

Are You Ready?
과학으로 보는 스포츠

SCIENCE
X
SPORTS

움직이는 과학 X 생각하는 스포츠

CONTENTS

들어가며

#오운완 #운동스타그램 #어다행다 #런스타그램

한 번쯤 들어본 단어들이지요?

최근, 운동 후 사진을 SNS에 인증하는 등 건강을 즐겁게 관리하는 문화가 생겨나고 있습니다. 건강에 관한 관심이 세계적으로 활발해지면서 오늘날의 스포츠는 선수나 마니아뿐만 아니라 일상에서 누구나 쉽게 접하고 즐기는 하나의 문화로 자리매김하고 있으며, 나아가 일상에서 볼 수 있는 다양한 스포츠에 과학적 분석이 가미된 형태로까지 발전하고 있습니다. 과연 스포츠 안에는 어떤 과학이 숨어 있을까요?

『과학×스포츠』는 **2024년 국립과학관법인(국립부산·대구·광주과학관) 공동특별전 <Are You Ready? 과학으로 보는 스포츠>의 전시 구성을 바탕으로 엮었습니다.** 이 전시는 운동을 즐기는 동안 우리 신체에서 일어나는 반응을 비롯하여 야구·축구·골프 등 다양한 스포츠의 과학 원리를 몸으로 이해하는 체험형 전시입니다. 이리저리 움직여 보며 몸 속 상호작용을 느끼고, 직접 공을 던지고 차는 활동을 통해 힘과 속력 등을 직관적으로 체득할 수 있도록 마련되었습니다.

국립부산과학관에서만 2024년 4월부터 6월까지 2만 2천 명 이상의 관람객이 다녀가는 등 <Are You Ready? 과학으로 보는 스포츠>는 많은 사랑을 받았습니다. 현장에서 신나게 뛰며 땀 흘렸던 분들뿐만 아니라 다양한 독자들에게 전시의 내용이 유익하게 전달되길 바라는 마음으로, 이제 한 권의 책을 엮습니다.

1부 '움직이는 과학'은 전시 중 '움직임의 비밀' 존의 내용을 재구성하였습니다. 여기서는 우리 몸이 어떻게 움직이는지, 움직이기 위해 꼭 필요한 체력은 무엇인지 소개합니다. 무심코 고개를 돌리는 작은 동작이 뇌의 명령을 받는지, 모든 사람들의 심장박동수는 똑같은지, 뼈와 뼈는 어떻게 연결되는지, 체력을 기르는 방법은 무엇인지, 선수들은 모두 같은 체형일지 등 움직임과 체력에 대한 여러 가지 궁금증을 풀어봅니다.

2부 '생각하는 스포츠'는 전시 중 '스포츠 속 비밀'과 '생활 속 스포츠' 존을 재구성했습니다. 다양한 스포츠의 과학 원리가 무엇인지 살펴보는 곳으로, 축구공 속 다각형, 야구 홈런을 치는 비결, 골프공 속 운동법칙, 클라이밍과 마찰력 등 여러 스포츠 속 과학 이야기를 만날 수 있습니다. 또한 부록에서는 스포츠 분야에 도입된 다양한 첨단 기술을 통해 경기력을 향상시키거나 정확한 판정에 도움을 주는 사례를 확인할 수 있습니다.

움직임, 운동, 스포츠처럼 과학은 우리 일상에서 늘 함께하고 있습니다. 그 안에서 재미를 발견할 수 있도록 관찰하고 탐구하고 생각하게 돕는 것이 과학관의 역할입니다. 미래 꿈나무들이 과학기술의 꿈과 희망을 품을 수 있도록 과학기술과 미래사회의 연결고리가 되기 위해 국립부산과학관은 앞으로도 다채로운 볼거리와 다양한 경험을 통해 많은 시민이 일상 속 과학의 재미를 찾을 수 있도록 힘쓰겠습니다. 이 책 역시 그 일환으로 과학을 즐겁게 바라보고 경험할 수 있는 하나의 계기가 되기를 기대합니다.

2024년 11월

국립부산과학관

움직이는 과학, 생각하는 스포츠

과학과 스포츠의 결합은 더 이상 낯선 풍경이 아니야. 일견 스포츠는 단순히 경기에서 승리하거나 기록과 경쟁하는 도전으로 여겨지곤 해. 그러나 스포츠 활동의 모든 면면에는 과학이 숨어있어. **과학적 원리**가 어떻게 움직이는지는 스포츠를 보면 알 수 있고, 스포츠를 깊이 생각하면 숨은 과학이 보이지. 이 책의 부제 '움직이는 과학, 생각하는 스포츠' 또한 과학과 스포츠의 친근한 관계에서 따온 거야.

원래 **스포츠의 시작은 놀이**였어. 인간은 본능적으로 즐거움과 자유로움을 느끼는 놀이 활동을 해왔어. 이러한 놀이에 규칙을 만들고 이기기 위해 서로 경쟁하는 것이 게임이며, 여기서 규칙이 제도화되고 선수들의 신체기능이 더욱 강조되는 것이 바로 스포츠야. 즉, 공을 던지고 튀기는 것은 놀이, 친구들과 편을 나누어 점수내기를 하면 게임, 정규 농구장과 농구공으로 선수들이 정식 경기를 펼치면 스포츠가 되는 거지. 이렇게 놀이였던 활동이 스포츠화되면서 좀 더 나은 경쟁과 기록을 위해 **과학적 이해**가 반드시 필요하게 됐어.

스포츠는 건강한 신체를 기르고 건전한 정신을 함양하며 질 높은 삶을 위한 자발적인 운동으로 정의할 수 있어. 특히 건강한 신체를 위해 이제는 일상에서도 많은 이들이 스포츠를 즐기지.

최근 건강에 관한 관심이 증가하면서, 오늘날 운동과 스포츠는 '**즐겁고 지속가능한 것**(헬시 플레저healthy pleasure)'으로 변화하고 있어. 어떻게 하면 효과적으로 근육을 기르고 운동능력을 향상시킬 수 있는지 과학적으로 분석하는가 하면, 부상을 예방하거나 고통을 경감하는 자세를 찾아보기도 하지. 우리는 다양한 스포츠 속에 들어있는 과학적 원리를 자연스레 접하고 있어.

운동을 즐기는 동안 내 몸에서 어떤 반응이 일어나는지 궁금하지 않니? 야구나 축구에 담긴 과학 원리는 무엇일까? 스포츠 선수들의 과학적 훈련법이나 첨단과학으로 무장한 이색스포츠로는 어떤 것이 있을까? **과학을 이해하면 할수록 스포츠가 보이고, 스포츠를 알면 알수록 과학이 이해될 거야.** 과학으로 스포츠를, 스포츠로 과학을 들여다볼 준비가 됐니?

그럼 우리 몸이 어떻게 움직이는지를 먼저 살펴보자.

●●●
움직이는 과학

'과학'이라고 하면 보통 딱딱한 기계나 어려운 이론을 떠올리기 마련이야. 하지만 **우리 몸 또한 아주 세세한 부위까지 과학적 원리로 움직이고 있어**. 우리가 균형을 잡을 때 뇌는 어떻게 신호를 보내며 근육은 어떻게 움직이는지, 격렬한 운동 중에도 우리 몸은 어떻게 체온을 유지하는지 궁금하지 않니? 스포츠 선수들은 어떻게 높게 점프하고 빠른 반응속도를 가질 수 있는지, 왜 스포츠 선수마다 유리한 체형이 다른지 그 이유를 알아보자.

나의 모든 움직임 속에 숨어있는 과학을 함께 찾으러 가 볼까?

1부

움직이는 과학

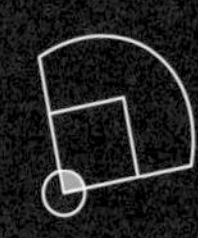

SCIENCE X SPORTS

1 궁금해요, 뇌와 심장

뇌가 필요해

••• 모든 움직임의 사령부, 뇌

뇌는 우리 몸의 중요한 신체기관이야. 무심히 손을 들거나 고개를 돌리는 간단한 동작은 뇌를 사용하지 않고 바로 움직이는 것 같지만 사실 우리는 뇌의 명령 없이는 아무것도 할 수 없어. 뇌는 행동 대부분을 관장하고 신체의 항상성을 유지하며 지식, 정보, 감정, 기억, 추론 등을 담당해.

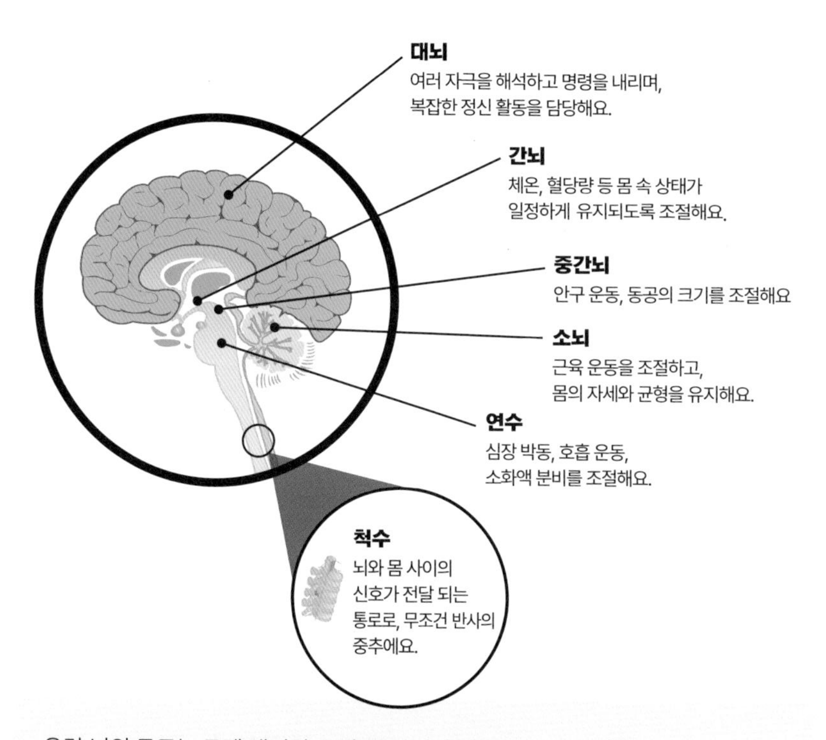

우리 뇌의 구조는 크게 대뇌와 소뇌, 중간뇌와 간뇌, 연수로 나뉘어.
대뇌는 여러 자극을 해석하고 명령을 내리며, 복잡한 정신 활동을 담당하지.
소뇌는 근육 운동을 조절하고 몸의 자세와 균형을 유지해.
중간뇌는 안구 운동과 빛에 따라 동공의 크기를 조절하고,

간뇌는 체온, 혈당량 등 몸 속 상태가 일정하게 유지되도록 조절해.
뇌와 이어진 연수는 심장 박동, 호흡 운동, 소화액 분비를 조절하며,
척수는 뇌와 몸 사이의 신호가 전달되는 통로로, 무조건 반사의 중추이기도 하지.

••• 대뇌

대뇌는 사고영역, 시각영역, 청각영역, 체감각영역과 더불어 운동영역으로 구분할 수 있어. 우리 몸은 근육(골격근)에 의해 움직이는데, 이 근육에게 수축과 이완의 명령을 내리는 곳이 바로 대뇌의 운동영역이야.

운동영역의 각 부분에 따라 담당하는 신체 부위도 각각 달라. 눈꺼풀부터 발가락까지, 대뇌의 명령이 가닿지 않는 곳이 없어!

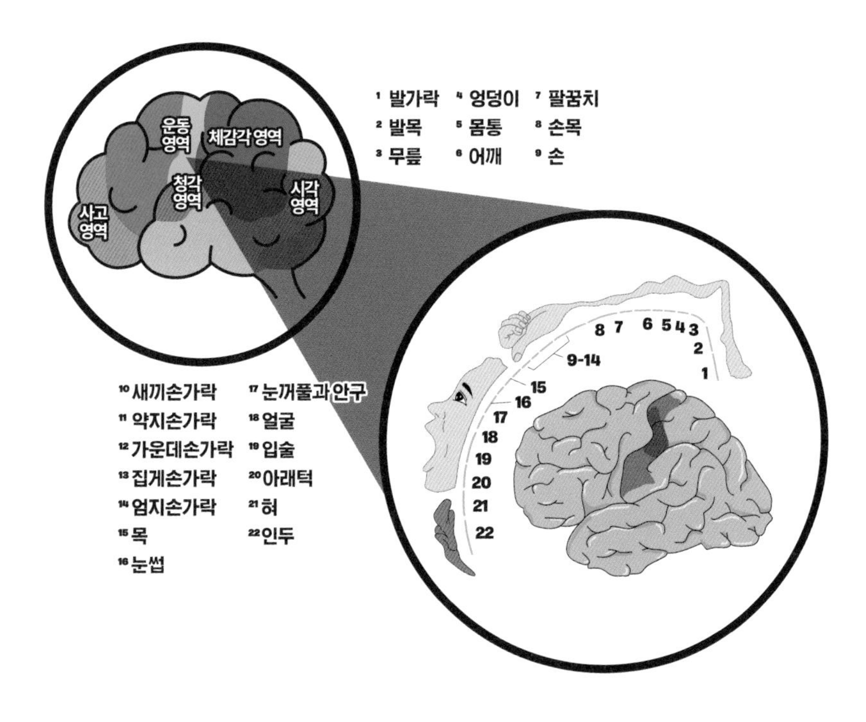

••• 소뇌

소뇌는 대뇌에서 나온 운동명령뿐 아니라 다양한 정보를 종합하여 다음 번 운동을 더 잘 해낼 수 있도록 조정해주는 곳이야. 자세를 유지하고 운동 기능을 조절하는 데 큰 역할을 하지. 시각, 평형감각, 위치감각 등 신체 여러 부위에서 오는 감각 정보와 근육의 운동 정보를 통합하고 조절하여 균형을 잘 잡을 수 있도록 해 주는 거야. 하지만 균형을 잡을 때는 소뇌 뿐 아니라 귀 가장 안쪽에 있는 전정기관도 함께하고 있어. 전정기관은 머리의 수평, 회전 운동을 감지하여 우리 몸의 균형을 유지하고 있거든.

그렇다면 소뇌는 어떻게 작용하는 걸까? 먼저 대뇌의 운동영역에서 나온 운동명령이 소뇌로 전해져. 그와 함께 몸의 각 부위에서 온 다양한 정보들과 시각, 평형감각 등의 정보도 소뇌로 모두 전달되면, 소뇌에서 대뇌로 신호를 보내어 운동을 조정하게 된단다.

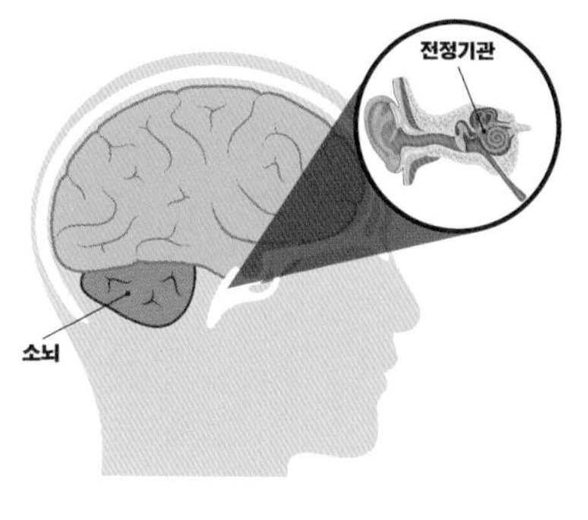

게다가 소뇌는 이러한 움직임과 균형 감각 학습에 중요한 영향을 끼쳐. 자전거를 처음 탈 때는 균형감각을 제대로 잡지 못해 넘어져도, 자꾸 하다 보면 익숙해지는 이유를 이제 알겠지? 그래서 연습이 중요하다는 거야!

PLUS 1 반응속도

떨어지는 물건을 손으로 잡아본 적이 있니? 나의 빠른 반응속도에 깜짝 놀라지는 않았니? 그 찰나의 순간, 몸 안에서는 어떤 일이 일어나고 있을까?

먼저 떨어지는 물건을 봤을 때, 물건에서 반사된 빛이 눈으로 들어와. 이때 시신경은 대뇌의 시각을 담당하는 영역인 후두엽에 방금 들어온 이미지를 전달해. 후두엽에서 이 정보를 대뇌의 전두엽(사고력 등을 담당하는 영역)으로 보내면, 전두엽은 근육이 어떤 동작을 할지 결정하는 거지. 전두엽이 "잡아"라는 명령을 내리고 대뇌의 운동영역으로 전달하면, 운동영역은 척수로 자극을 보내. 척수의 신경이 이 명령을 팔과 손에 전달하면, 떨어지는 물건을 쥐려고 팔과 손이 움직이는 거야.

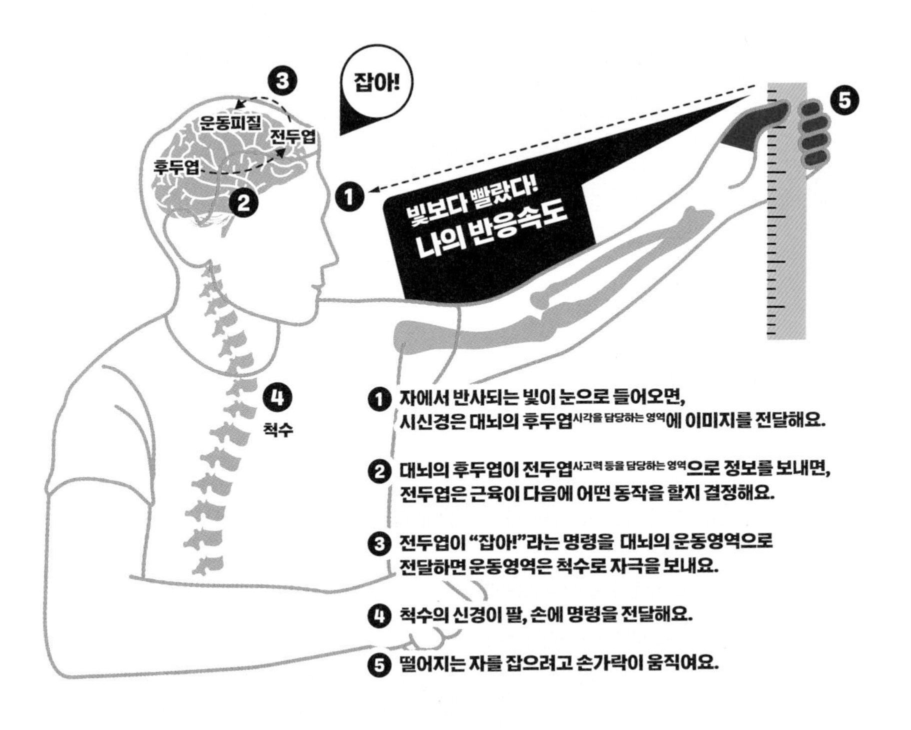

두근두근~ 심장, 후우~ 폐

••• 우리 몸의 엔진, 심장과 폐

힘차게 달려 본 적 있니? 숨이 턱까지 차오르고 심장이 쿵쾅쿵쾅 마구 뛰었지? 이렇게 운동할 때 가장 반응이 도드라지는 기관이 심장과 폐야.

폐는 숨을 크게 들이쉬고 내쉬는 호흡을 통해 우리 몸이 산소를 얻고 이산화탄소를 배출할 수 있게 해 줘. 그리고 심장은 순환계의 핵심기관으로 주기적으로 수축과 이완을 반복해. 이 덕분에 혈액이 온몸을 순환하여 우리 몸에 산소와 영양소를 운반할 수 있어. 심장과 폐가 제 역할을 해 주기 때문에 우리는 격렬한 운동도 즐길 수 있는 거야.

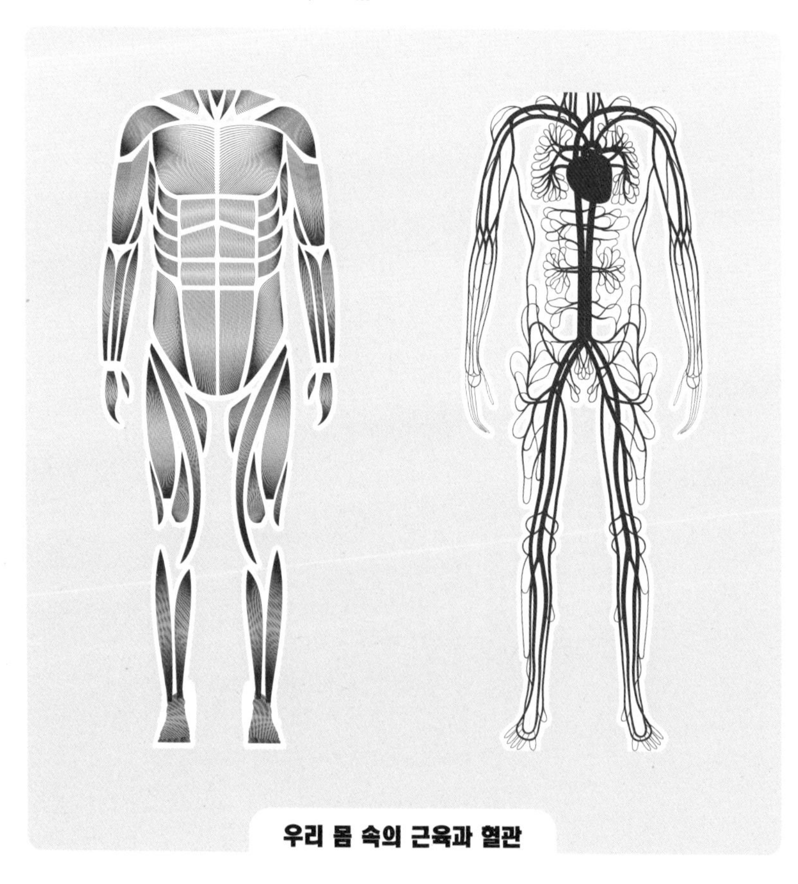

우리 몸 속의 근육과 혈관

••• 심장근

근육하면 보통 울퉁불퉁 팔다리 근육을 떠올리기 마련이지만 사실 심장도 근육으로 이루어졌어. 심장의 근육을 심장근이라 하는데, 심장근은 우리 의지와 상관없이 잠시도 쉬지 않고 운동하고 있어. 그야말로 에너자이저라고 할 수 있지. 심장은 1년에 평균 3,600만 번 이상, 평생 28억 번 정도 뛰어. 대단하지?

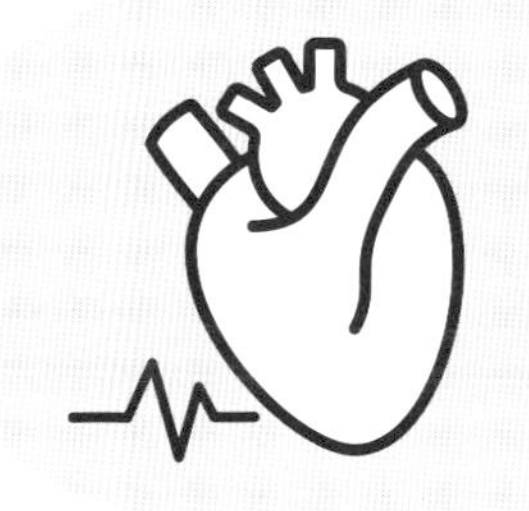

••• 혈관

몸 속 혈관의 무게(성인 기준)는 몸무게의 약 3%로, 모세혈관을 포함해 혈관을 모두 연결하면 그 길이가 약 100,000km 정도나 돼. 지구의 둘레가 대략 40,075km이니 지구를 두 바퀴 반쯤 돌 수 있는 어마어마한 길이야.

••• 혈액

혈관 속을 지나는 혈액은 온몸을 돌고 돌아. 혈액은 혈장과 혈구로 이루어져 있는데, 산소를 비롯해 우리 몸에 꼭 필요한 물질을 몸 구석구석에 전달하고 체온도 조절해주지. 혈장은 대부분이 물이며 단백질, 포도당, 전해질 등이 녹아 있어 노란색을 띠어.

혈구에는 적혈구, 백혈구, 혈소판이 있어. 적혈구는 산소를 원활하게 운반하는 역할로, 그 수가 적으면 빈혈이 생기게 돼. 백혈구는 세균을 분해하는데, 한 번 침입한 세균에게는 항체를 만들어 같은 병에 걸리지 않도록 하지. 혈소판은 혈구 중 크기가 가장 작고, 출혈이 생기면 혈액을 응고시키는 역할을 해.

온 몸을 돌고 돌아, 혈액

혈액은 심장에서 출발하여 온 몸을 돌아 다시 심장으로 들어옵니다.
몸무게의 약 8%로 60kg 성인의 경우 약 5L 정도 됩니다.

혈액은 혈장과 혈구로 이루어져 있습니다.
혈장은 90%가 물이며 단백질, 포도당, 전해질 등이 녹아 있습니다.
혈구에는 산소를 운반하는 적혈구, 몸 속에 침입한 세균을 잡아먹는 백혈구,
혈액 응고 작용을 하는 혈소판이 있습니다. 혈구의 크기는 백혈구가 가장 크지만
적혈구가 가장 많기 때문에 혈액이 붉은 색으로 보입니다.

혈구의 크기 백혈구 > 적혈구 > 혈소판
혈구의 개수 적혈구 > 혈소판 > 백혈구

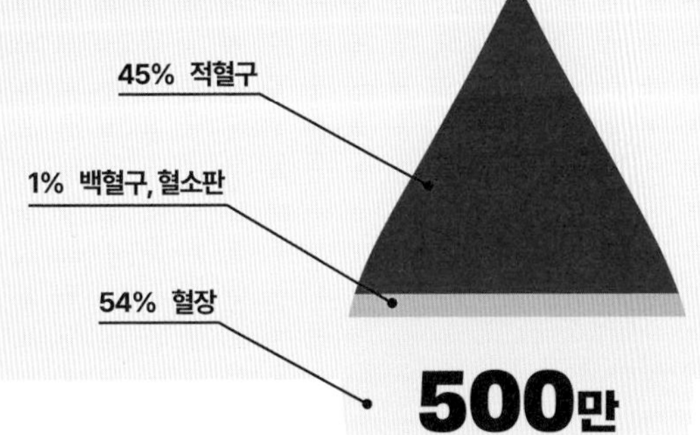

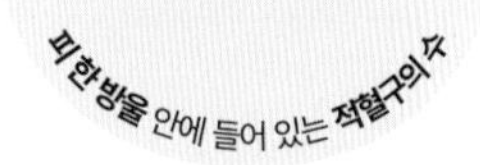

운동 여부에 따른 인체 내의 혈액 분포		
구분	쉬고 있을 때	운동 중일 때
심장	250	750
신장	1,200	600
골격근	1,000	12,500
피부	400	1,900
내장	1,400	600
뇌	750	750
기타	600	400

••• 호흡

숨을 크게 한번 들이마시고 내쉬어 볼까? 이렇게 공기 중 산소를 폐로 들이마시고 이산화탄소를 내보내는 것을 호흡이라고 해.

그런데 호흡에는 숨을 쉬어 기체를 교환하는 과정(외호흡) 말고도, 우리 몸속에서 에너지를 생성하는 과정(내호흡)도 있어. 내호흡은 산소를 품은 혈액이 조직세포를 지날 때, 산소를 세포에게 주고 이산화탄소를 가져오는 거야. 내호흡을 통해 조직세포에 도착한 산소를 사용하여 영양소를 태우면 우리 몸에 필요한 에너지가 생성된단다. 결국 호흡을 한다는 건 우리에게 필요한 에너지를 만들어 내는 과정이라고 할 수 있어. 숨을 쉬는 것만으로 몸속에서 에너지를 만들어낸다니, 정말 신비롭지?

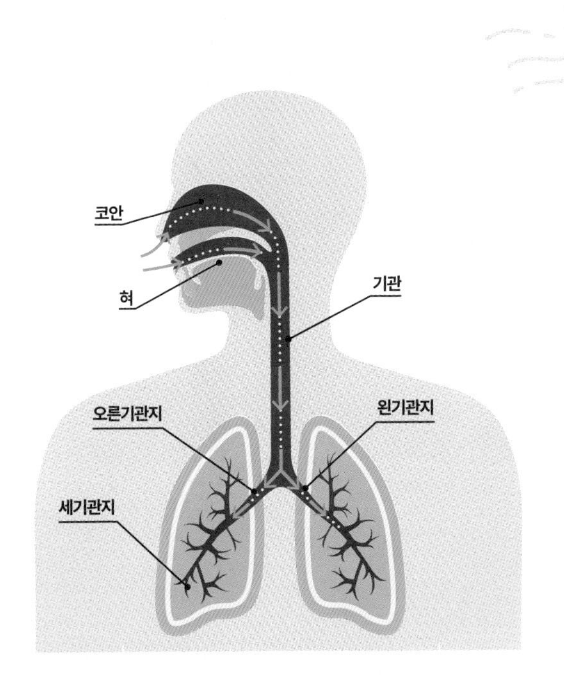

••• 호흡량과 폐활량

평상시 호흡할 때 들이마시고 내쉬는 공기의 양은 대략 500ml(성인 남성 기준) 정도인데, 이것을 호흡량이라고 해. 반면 운동하면서 최대한 들이마시고 내쉬는 공기의 양을 폐활량이라고 하는데, 성인 남성은 약 3,500ml, 성인 여성은 약 2,500ml나 된단다.

달리기, 수영, 자전거 타기, 경보 등의 심혈관운동은 빠른 심장박동수와 심호흡을 유발하기 때문에 심혈관을 튼튼하게 해줘. 그리고 운동을 할 때 우리 몸은 많은 산소가 필요하기 때문에, 가슴근육에 혈액을 많이 보내기 위해 맥박이 빨리 뛰고 호흡 속도도 빨라지는 거야.

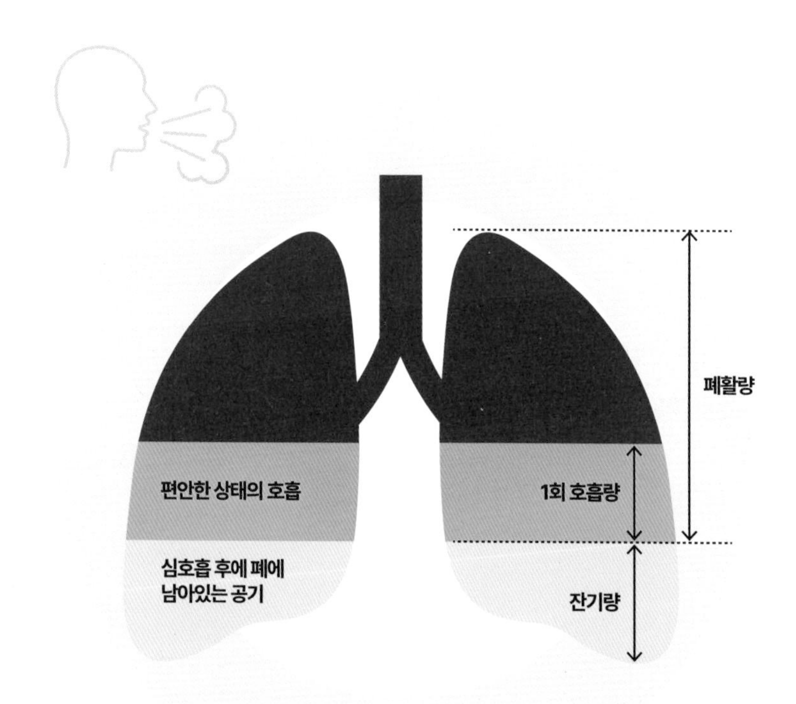

••• 선수와 일반인의 차이

심장과 폐의 기능은 모든 사람이 똑같을까? 일반 성인과 운동으로 단련된 운동선수의 심장과 폐 기능을 비교해보자.

운동으로 단련된 사람의 심장은 좌심실이 크고 두꺼워서, 한번의 수축으로. 많은 양의 혈액을 온몸으로 내보낼 수 있어. 좌심실의 크기 차이가 보이지? 그래서 평상시 심장 박동수도 상대적으로 적어.

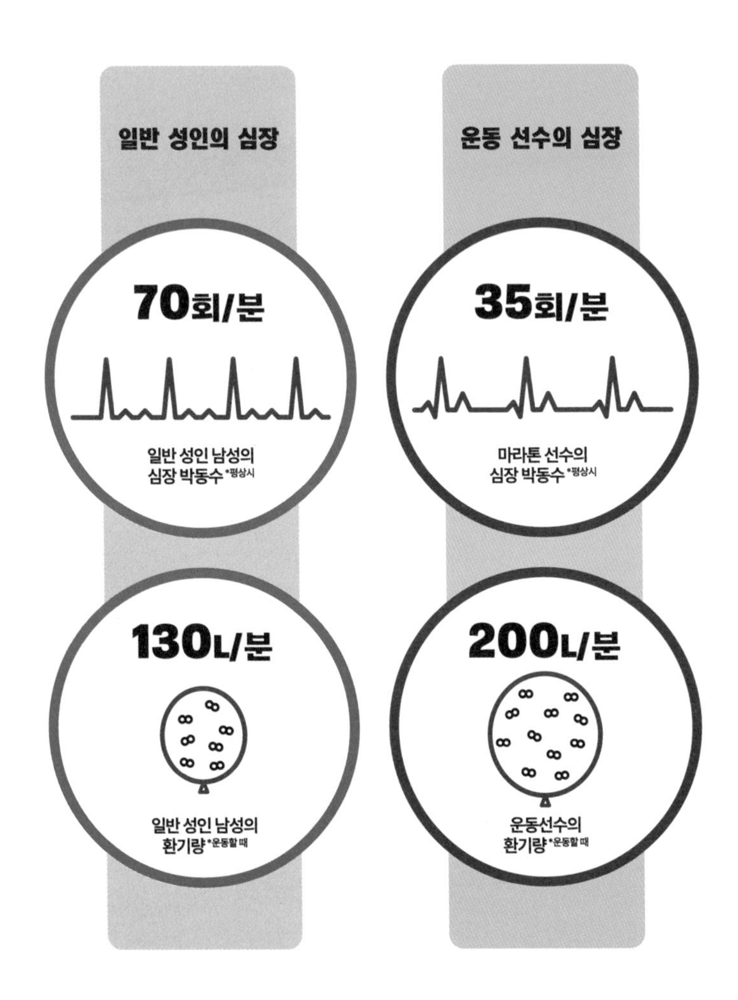

마찬가지로 운동선수의 폐는 환기량이 많아서 산소를 흡수하는 능력이 발달해 있어. 환기량이란 1분 동안 폐를 지나는 공기량으로, 1회 호흡량과 1분간 호흡수의 곱으로 나타내. 오래 운동하면 1회 호흡량이 많아지고 호흡에 관련된 근육이 발달해 호흡수도 증가하기 때문에 최대 환기량이 증가하는 거야.

••• 운동마다 다른 호흡법

▸ 근력 운동

운동할 때에는 평소와 다르게 호흡해야 한다는 걸 알고 있니? 운동하는 중에는 근육이 계속해서 수축·이완하고, 산소가 필요해지는 등 여러 가지 변화가 생기기 때문이야. 이렇게 몸의 상태가 변하기 때문에 적합한 호흡을 한다면 더욱 건강하게 운동을 할 수 있지.

근력하면 어떤 운동이 떠오르니? 팔굽혀펴기나 아령 들기 같은 근력 운동을 할 때는 근육에 힘을 줄 때 숨을 내뱉고, 근육에 힘을 뺄 때 숨을 들이마셔야 해. 아령을 들어올릴 때 숨을 내뱉고, 내릴 때 숨을 들이마시는 거지. 이렇게 숨을 쉬면 혈액 순환이 원할해져서 산소와 영양분이 잘 공급되고, 운동 중 손상된 근육세포를 빨리 회복할 수 있어.

▸ 유연성 운동

필라테스, 요가 등 유연성이 중요한 운동을 할 때에는 호흡을 멈추면 안 돼. 호흡을 멈추면 근육이 굳어져서 스트레칭 효과가 떨어지기 때문이야. 그래서 산소가 근육에 원활히 공급될 수 있도록 충분히 심호흡을 해 줘야 근육의 가동 범위도 넓어지고 유연성도 기를 수 있어.

PLUS 2 일정하게 유지해, 체온

우리 몸의 정상체온은 36.5℃라는 사실을 잘 알고 있지? 체온의 변화에 따라 면역력도 달라지므로 일정한 온도를 유지하는 것이 중요해.

날씨가 추울 때는 몸의 온도를 유지하기 위해 피부 아래에 있는 혈관이 오그라들어 혈액이 차가워지는 것을 막아. 그래서 얼굴이 창백해 보이는 거야.

반대로 더울 때는 피부 아래의 모세혈관이 확장되면서 몸 안의 수분을 땀으로 내보내. 피부로 올라온 땀은 공중으로 날아가면서 피부의 열을 빼앗아. 그래서 체온이 내려가게 되는 거지. 운동을 하면 왜 땀이 나는지 알겠지?

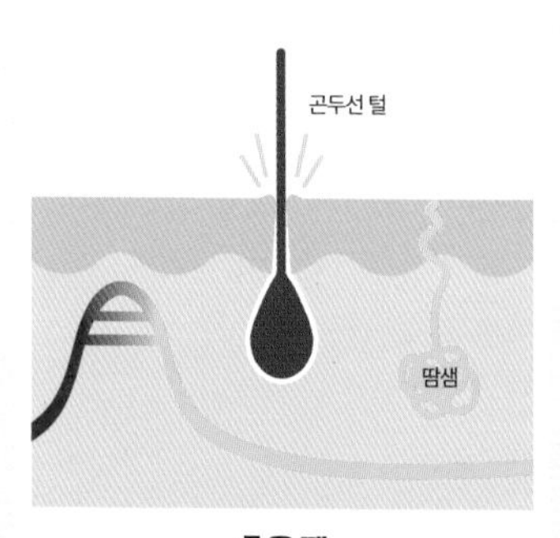

추울 때

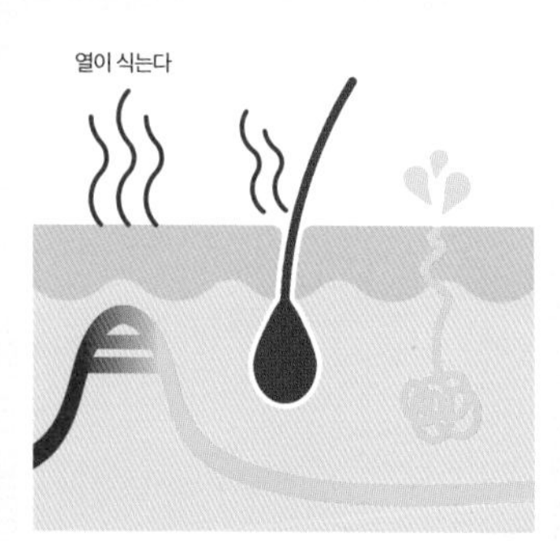

더울 때

2 움직임의 비밀, 근육과 관절

우리는 한 팀, 근육

••• 근육이 늘었다~ 줄었다~!

우리는 어떻게 팔을 굽히거나 펼 수 있을까? 바로 뼈에 붙어있는 근육(골격근)의 움직임 덕분이야. 이 근육은 줄어들거나 늘어나는데, 서로 반대로 움직이는 근육이 한 팀이 되어 움직여. 예를 들면 팔을 굽힐 때 한쪽 근육(위팔두갈래근)이 줄어들면 반대쪽 근육(위팔세갈래근)이 늘어나는 거지. 우리 몸에는 약 400개 정도의 골격근이 온몸의 뼈에 붙어 있어. 많기도 하지?

어떻게 움직일까?

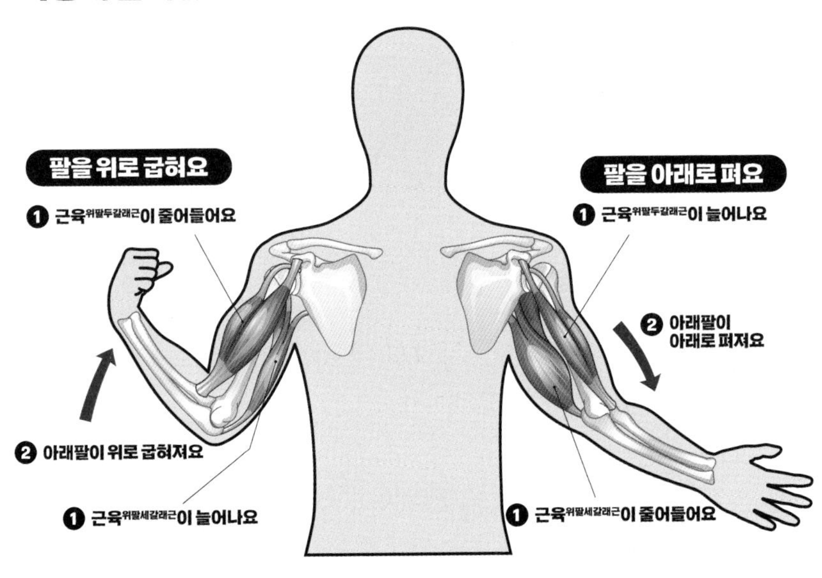

••• 내 몸 속 '지레'

우리 몸에도 지레의 원리가 작용한다는 걸 알고 있니? 이리저리 몸을 움직여 내 몸 속에 숨어있는 지레를 찾아볼까?

목 근육은 1종 지레와 같아. 힘점에 해당하는 목근육이 수축하면 반대쪽에 있는 턱 끝이 작용점이 되어 위로 올라간단다. 이때 받침점은 머리뼈와 척추관절 사이가 돼.

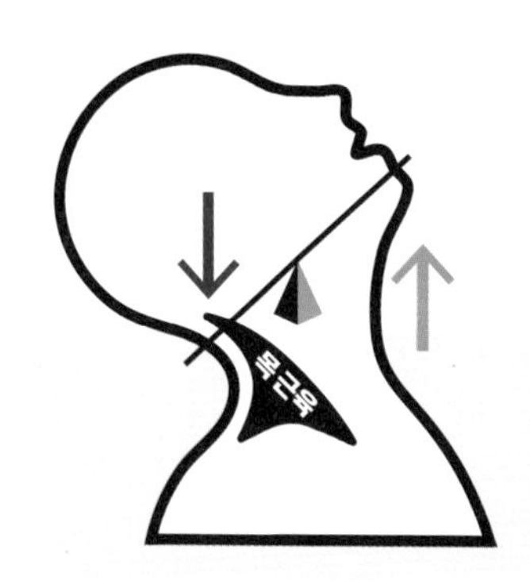

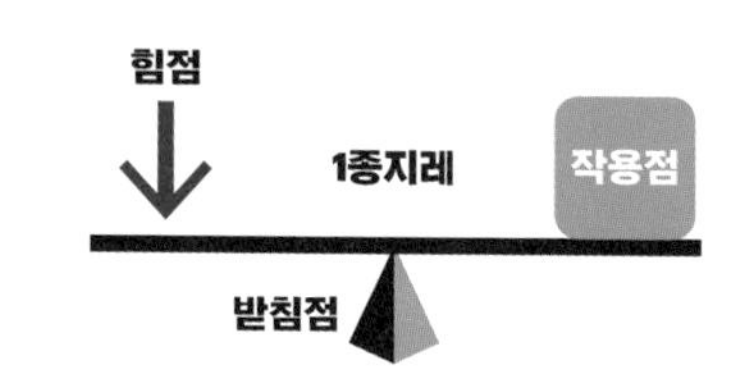

1종 지레

받침점[지레를 받쳐주는 지점]이 작용점[힘이 작용하는 지점]과 힘점[힘을 주는 지점] 사이에 있는 지레. 1종 지레는 적은 힘을 들여 큰 힘을 얻을 수 있고 힘의 방향도 바꿀 수 있어요.

팔에 있는 위팔두갈래근은 3종 지레야. 힘점에 해당하는 팔꿈치 인대를 당기면 작용점이 되는 손을 크게 움직일 수 있어. 이때 받침점은 팔꿈관절이야. 이렇게 3종 지레의 원리가 작용되면, 물체를 들어올릴 때 조금만 움직여도 긴 거리를 빠른 속도로 움직일 수 있지. 근육이 더 큰 힘을 내야 하겠지만 말이야.

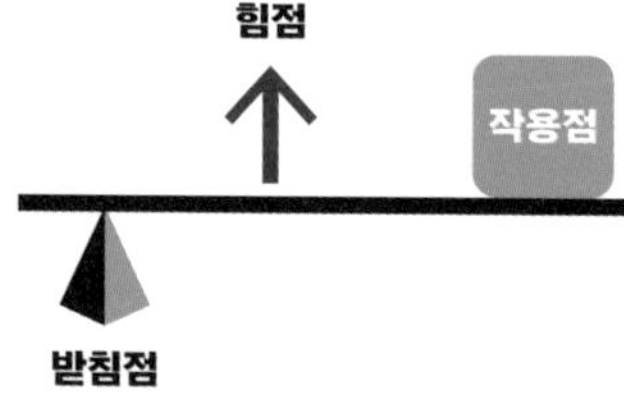

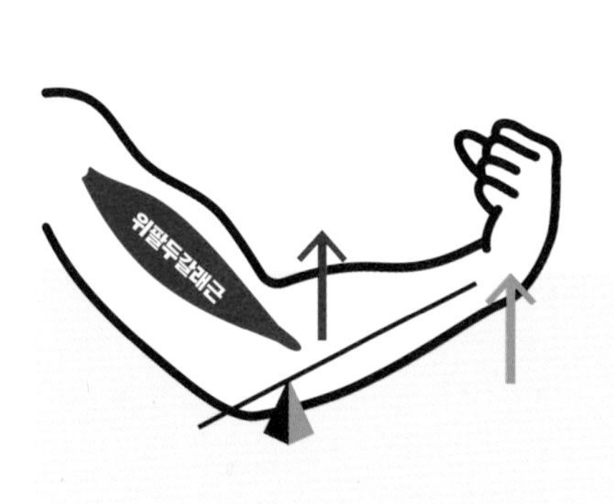

3종 지레

힘점[힘을 주는 지점]이 받침점[지레를 받쳐주는 지점]과 작용점[힘이 작용하는 지점] 사이에 있는 지레. 3종 지레는 힘은 더 들지만 이동거리에 이득이 있어요.

••• 근섬유

전기 코드의 단면을 본 적이 있니? 자세히 보면 아주 작은 전선들이 모이고 모여 전기 코드를 이루고 있지? 근육도 마찬가지야. 근육(골격근)은 근육 세포인 근섬유의 다발로 이루어져 있어. 하나의 근섬유 안에는 또 여러 개의 근원섬유가 모여 있지. 이 근원섬유 속에 들어 있는 단백질이 수축하게 되면, 근원섬유가 짧아지고 근육이 수축하게 되는 거야.

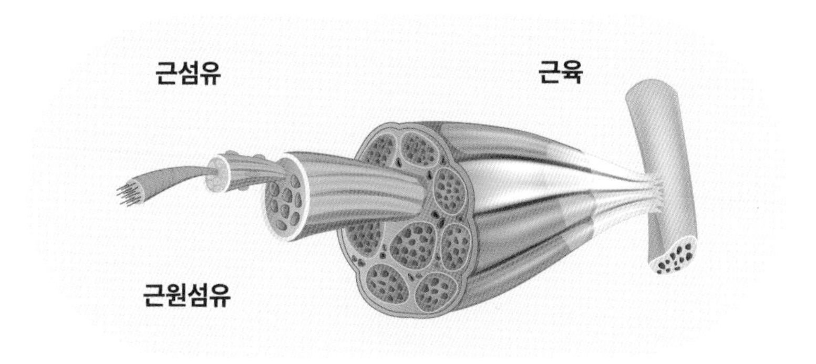

••• 깨물근

음식을 씹어 먹을 때도 근육이 필요해. 머리뼈와 아래턱뼈에 붙어 있는 '깨물근'은 턱관절을 움직여 음식을 씹을 수 있게 도와. 치아를 물 때 깨물근이 가하는 힘의 크기는 무려 442kg이래. 놀랍지 않니? 실수로 씹지 말아야 할 것을 씹어버린다면…….

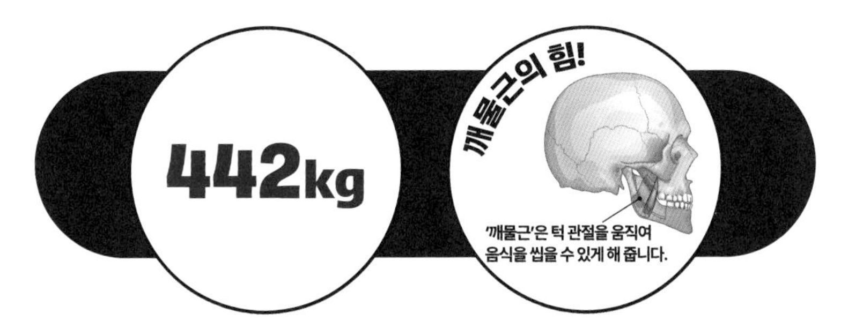

••• 속근과 지근

근육은 두 가지 근섬유가 있어. 바로 속근 섬유와 지근 섬유야. 속근 섬유는 수축력이 강하고 빨라서 한번에 폭발적인 힘을 낼 수 있어. 반면에 지근 섬유는 수축력이 강하지 않아 한 번에 낼 수 있는 힘은 작지만 오랫동안 수축운동을 해도 피로를 덜 느끼지.

실제로 단거리 달리기 선수는 속근 섬유가 더 많아 단숨에 폭발적인 힘으로 빠르게 달릴 수 있어. 하지만 마라톤 선수는 지근 섬유가 더 많아 쉽게 지치지 않고 계속해서 달릴 수 있지.

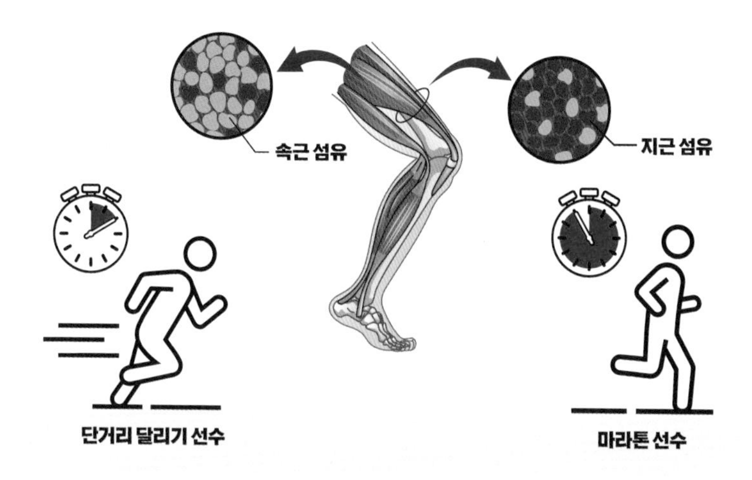

PLUS 3-1 천연 압박붕대, 인대

뼈와 뼈를 연결하는 조직인 인대는 천연 압박붕대와 같아. 발을 접질러서 인대가 늘어나 본 적이 있니? 인대는 발에 가장 많은데, 발에는 강인하고 탄력성 있는 인대가 무려 107개나 있어. 이들이 26개의 발뼈들을 단단히 묶어주기 때문에, 발뼈는 어느 정도 유연성이 있으면서 충격을 흡수할 수 있지.

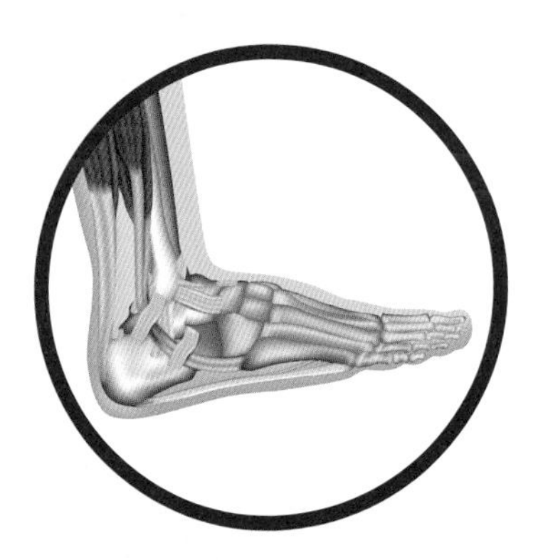

천연 압박붕대, 인대

뼈와 뼈를 연결하는 조직인 '인대[靭 질길 인, 帶 띠 대]'는 발에 가장 많이 있습니다.

PLUS 3-2 손가락에는 근육이 있다? 없다?

근육은 힘줄을 통해 뼈에 붙어 있는데, 힘줄이 길어서 멀리 있는 근육과 연결된 부위도 있어. 바로 손가락이야. 손가락은 손과 팔에 있는 근육들이 힘줄을 통해 손가락을 움직이기 때문에 손가락에는 근육이 없단다! 몰랐지?

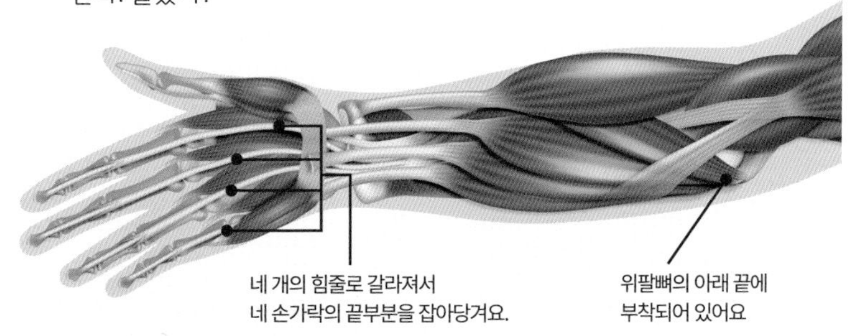

움직여요, 뼈와 관절

••• 뼈와 뼈의 연결고리, 관절

관절은 2개 이상의 뼈가 연결되는 부분을 말해. 손가락이나 팔다리를 자유롭게 움직일 수 있는 것도 모두 관절이 있어서야. 관절에는 움직일 수 있는 관절(가동관절)과 움직일 수 없는 관절(부동관절)이 있어. 보통 관절이라고 하면 움직임 수 있는 관절을 말해.

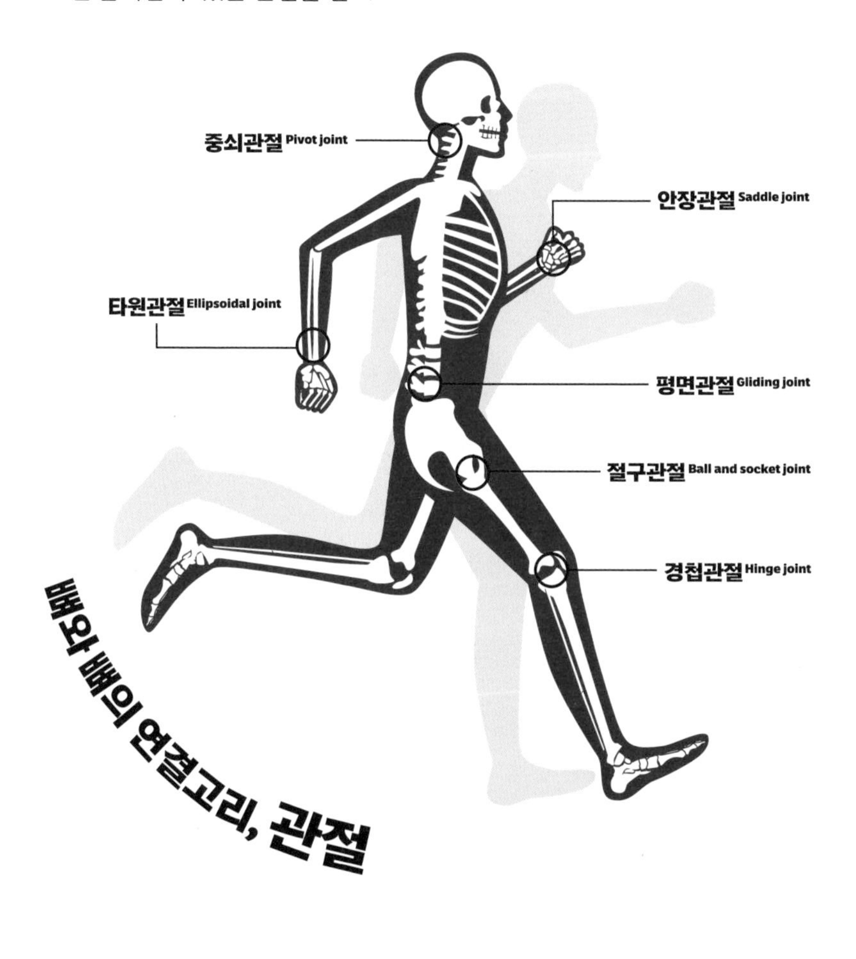

••• 가동관절의 종류

몸을 움직일 수 있게 해 주는 가동관절은 다른말로 윤활관절이라고도 해. 뼈와 뼈 사이에 윤활액이 채워져 있어서 자유롭게 굽히고 펼 수 있지. 가동관절에도 여러 종류의 관절이 있어.

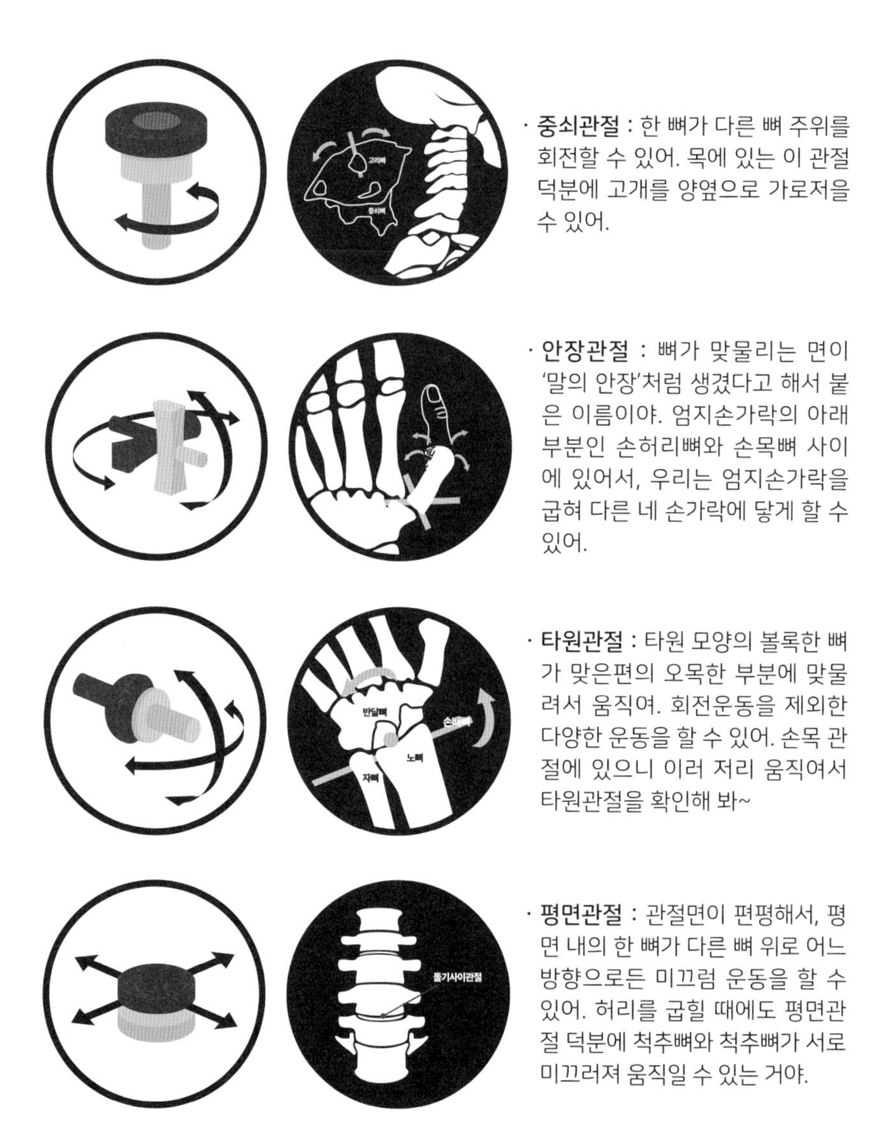

· **중쇠관절** : 한 뼈가 다른 뼈 주위를 회전할 수 있어. 목에 있는 이 관절 덕분에 고개를 양옆으로 가로저을 수 있어.

· **안장관절** : 뼈가 맞물리는 면이 '말의 안장'처럼 생겼다고 해서 붙은 이름이야. 엄지손가락의 아래 부분인 손허리뼈와 손목뼈 사이에 있어서, 우리는 엄지손가락을 굽혀 다른 네 손가락에 닿게 할 수 있어.

· **타원관절** : 타원 모양의 볼록한 뼈가 맞은편의 오목한 부분에 맞물려서 움직여. 회전운동을 제외한 다양한 운동을 할 수 있어. 손목 관절에 있으니 이러 저리 움직여서 타원관절을 확인해 봐~

· **평면관절** : 관절면이 편평해서, 평면 내의 한 뼈가 다른 뼈 위로 어느 방향으로든 미끄럼 운동을 할 수 있어. 허리를 굽힐 때에도 평면관절 덕분에 척추뼈와 척추뼈가 서로 미끄러져 움직일 수 있는 거야.

· **절구관절** : 공이처럼 볼록한 뼈가 절구처럼 오목한 부분에 맞물리는 구조로 되어 있어서 움직임이 가장 자유로워. 그래서 운동범위가 가장 크지. 어깨관절(어깨뼈와 위팔뼈 사이)과 엉덩관절(볼기뼈와 넙다리뼈 사이)에 있으니, 팔과 다리를 크게 움직여서 확인해 볼까?

· **경첩관절** : 경첩이 달린 문이 열리고 닫히는 것처럼 움직여. 팔, 다리, 손가락을 굽혔다 폈다 할 수 있게 해 주지.

••• 부동관절

부동관절은 뼈와 뼈 사이가 강하게 연결되어 움직일 수 없거나 조금만 움직일 수 있는 부분이야. 머리뼈의 봉합 부분이나 치아 뿌리가 턱뼈에 단단히 고정되어 있는 경우 등을 예로 들 수 있어.

••• 굽힘

관절이 굽혀지는 것을 굽힘이라고 해. 굽힘이 일어나면 관절을 이루는 두 뼈 사이의 각도가 줄어들어. 어깨관절처럼 앞뒤로 움직일 수 있는 관절에서의 굽힘은 보통 앞으로 움직이는 걸 말해. 그럼 서 있다가 의자에 앉을 때에는 어떨까? 엉덩관절과 무릎관절이 모두 굽혀져야 앉을 수 있어.

••• 폄

폄은 굽힘의 반대되는 운동이야. 관절을 이루는 두 뼈 사이의 각이 커지는 거지. 그렇다면 의자에 앉았다가 일어설 때는 관절이 어떻게 되는 걸까? 굽힘운동과는 반대로 엉덩관절과 무릎관절이 모두 펴져야 일어설 수 있어.

••• 살아있는 뼈

단단한 뼈는 칼슘으로 빼곡히 차여 있을 것 같지만, 사실 바깥쪽만 단단한 조직으로 되어 있고 안쪽으로는 구멍이 뚫린 성긴 조직으로 되어 있어. 이런 구조 덕분에 뼈는 강철 무게의 1/6 밖에 안 될 만큼 가벼워도 강철만큼 튼튼해. 뼈 안에 가득 차 있는 골수에는 적혈구, 백혈구, 혈소판 등을 만드는 조혈모세포가 들어있어. 바로 여기에서 우리 몸에 꼭 필요한 피를 만들어 내. 그래서 뼈에도 혈관이 있어!

그리고 우리 몸의 뼈가 매일 사라지고 새로 만들어진다는 사실, 알고 있니? 뼈는 살아있는 조직이기 때문에 오래된 뼈는 파괴되고, 다시 새로운 뼈가 만들어지는 과정을 거치고 있어. 뼈 속의 파골세포가 오래되어 불필요해진 뼈를 파괴해서 칼슘을 다시 사용할 수 있도록 혈관으로 내보내고, 조골세포가 파괴된 뼈를 다시 재생시킨단다.

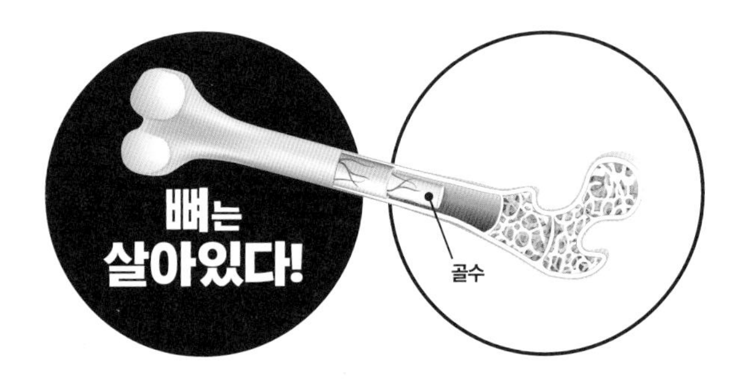

••• 뼈가 많은 곳은?

사람의 뼈는 성인 기준으로 모두 206개야. 그 중 손과 발을 이루는 뼈는 106개로, 전체 뼈 개수의 51.5%나 차지하지.

이 중 한쪽 손에 있는 뼈는 모두 몇 개인지 아니? 27개나 돼. 이렇게 개수가 많으니 우리 손가락의 움직임이 그렇게 섬세한 것 아니겠니? 손뼈가 있어서 우리는 농구공이나 야구배트를 쥐는 등 손을 자유롭게 움직일 수 있어.

하지만 발 뼈도 손 뼈 못지 않아. 한쪽 발에 있는 뼈는 무려 26개로, 발 뼈 덕분에 무거운 몸무게를 지탱해 두 발로 걸을 수 있어.

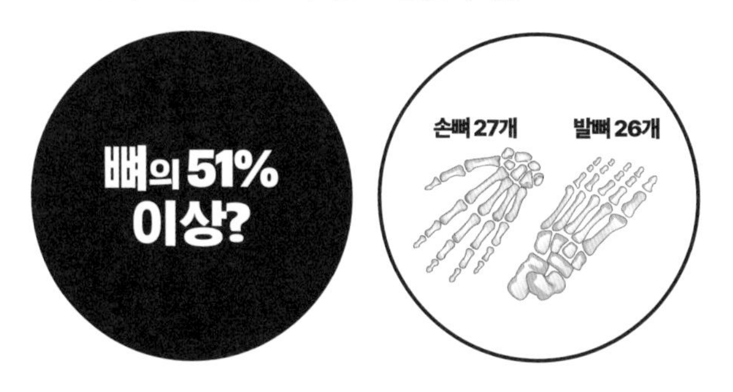

PLUS 4 가장 작은 뼈

우리 몸에서 가장 작은 뼈는 귀 속에 있는 '등자뼈'야. 고작 2mm 정도 크기 밖에 안돼. 크기는 작지만 소리 진동을 귀의 안쪽으로 전달해 주는 중요한 역할을 맡고 있어.

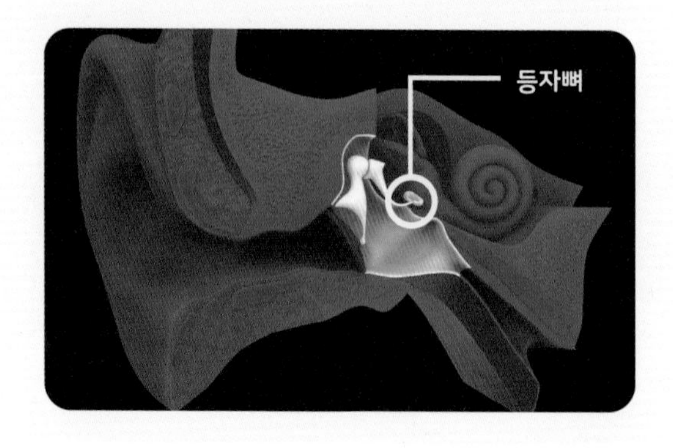

3 건강하고 즐겁게, 체력과 체형

으랏차차! 체력

••• 건강체력과 운동체력

스포츠 활동이나 일상을 영위할 때 몸을 원활히 움직일 수 있도록 하는 힘을 체력이라고 해. 몸 체(體)자에 힘 력(力)자를 써서, 말 그대로 몸을 움직일 수 있게 하는 힘을 의미하지. 체력은 건강체력과 운동체력으로 나눌 수 있어.

건강체력은 건강하고 활기찬 삶을 위해 꼭 필요한 기초체력을 가리켜. 근력, 근지구력, 심폐지구력, 유연성 등으로 분류할 수 있지. 건강체력은 일상생활 속에서 간단한 동작들을 통해 기를 수 있어.

운동체력은 운동을 잘하기 위해 필요한 체력을 뜻해. 대표적으로 순발력, 민첩성, 평형성, 협응성으로 나눌 수 있어. 우리가 운동에 소질이 없다고 느끼는 까닭은 운동체력이 부족하기 때문이야. 하지만 운동체력도 전문적인 훈련을 통해 기를 수 있으니 너무 상심하지 말도록!

근력 + 근지구력 + 심폐지구력 + 유연성

순발력 + 민첩성 + 평형성 + 협응성

••• 근력

근육이 한 번 움직일 때 낼 수 있는 힘을 '근력(筋 힘줄 근, 力 힘 력)'이라고 해. 팔굽혀펴기나 턱걸이를 해 본 적 있니? 이 운동을 하면 근력을 키울 수 있어. 그뿐만 아니라 아령을 드는 웨이트 트레이닝, 스쿼트처럼 앉고 일어서는 운동, 저항밴드 운동 등을 꾸준히 해 나가면 근력을 향상시킬 수 있으니 한번 도전해 볼까?

근력, 어떻게 키울까? 맨몸운동, 웨이트 트레이닝, 저항밴드 운동 등을 지속적으로 하면 근력을 향상시킬 수 있습니다.

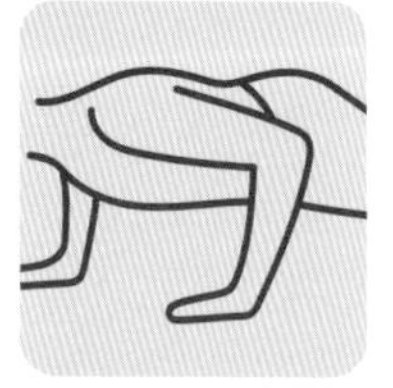

맨몸운동
도구없이 체중으로 운동해요.

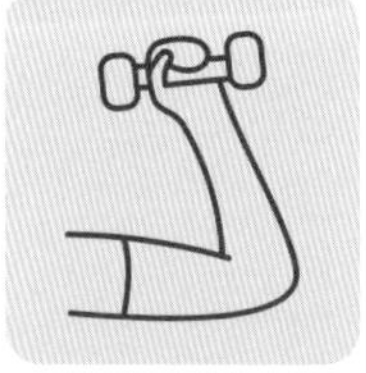

웨이트 트레이닝
아령, 모래주머니처럼 무게를 지닌 도구를 이용해 운동해요.

저항밴드운동
고무로 만든 밴드나 튜브를 이용해 운동해요.

••• 유연성

몸의 근육과 관절을 부드럽게 움직일 수 있는 능력을 '유연성(柔 부드러울 유, 軟 연할 연, 性 성질 성)'이라고 해. 유연성이 좋으면 근육의 기능을 유지하고 관절운동의 범위도 키울 수 있을 뿐만 아니라, 운동할 때 부상을 예방할 수도 있기 때문에 아주 중요한 부분이야.

유연성을 기르는 효과적인 운동으로는 간단한 스트레칭부터 요가, 필라테스 등이 있어. 그 중 스트레칭은 일상 생활 속에서 쉽게 할 수 있어. 아침에 일어났을 때 쭈욱~ 기지개를 켜지? 기지개도 스트레칭의 하나로, 스트레칭을 하면 근육이나 인대의 긴장을 풀어줘.

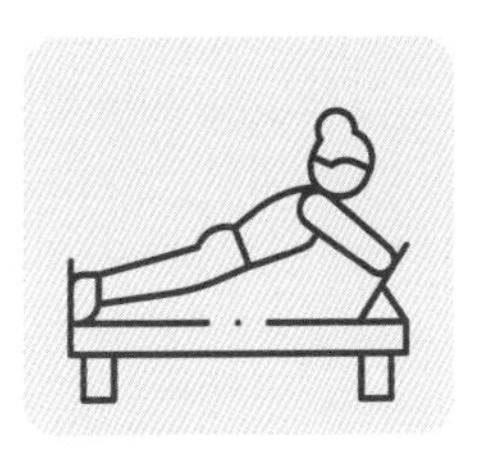

필라테스

잘못된 자세를 바로 잡아주고,
유연성 및 혈액 순환에 도움이 돼요.

요가

근육과 인대를 늘리고 조이는
자세를 통해 근골격 및 관절의
유연성을 키울 수 있어요.

스트레칭

근육의 긴장을 풀고
유연성을 기를 수 있어요.

••• 협응성

몸 전체를 조화롭게 통제하고 조절할 수 있는 능력은 '협응성(協 화합할 협, 應 응할 응, 性 성질 성)'이야. 협응성이 좋으면 우리 몸의 근육이나 신경기관, 운동기관 등이 조화롭게 움직일 수 있어. 그래서 달리면서 축구공을 정확하게 발로 찰 수도 있고, 날아오는 야구공을 야구배트로 멀리 날려버릴 수도 있지.

축구와 야구를 못한다고? 걱정 마. 협응성은 짐볼 운동, 셔틀콕 치기, 저글링 등 다른 운동으로도 향상시킬 수 있어.

짐볼운동

협응성 뿐 아니라 근력, 유연성 등을
기를 수 있어요.

메디신볼

1kg~10kg의 공을 움직이거나 던지는 등의
동작을 통해 협응성을 향상시킬 수 있어요.

PLUS 5 호르몬

운동을 하면 우리 몸에서 여러 가지 호르몬이 분비돼. 그 중 테스토스테론은 뼈 밀도를 증가시키고 근육 양이 증가하도록 자극해. 그리고 성장호르몬은 근육조직이 성장하고 지방이 탈 수 있도록 도와줄 뿐만 아니라 뼈의 성장도 촉진해. 운동을 하는 동안은 물론이고 운동을 마친 후에도 계속 작용하니, 규칙적으로 운동을 하는 게 좋겠지?

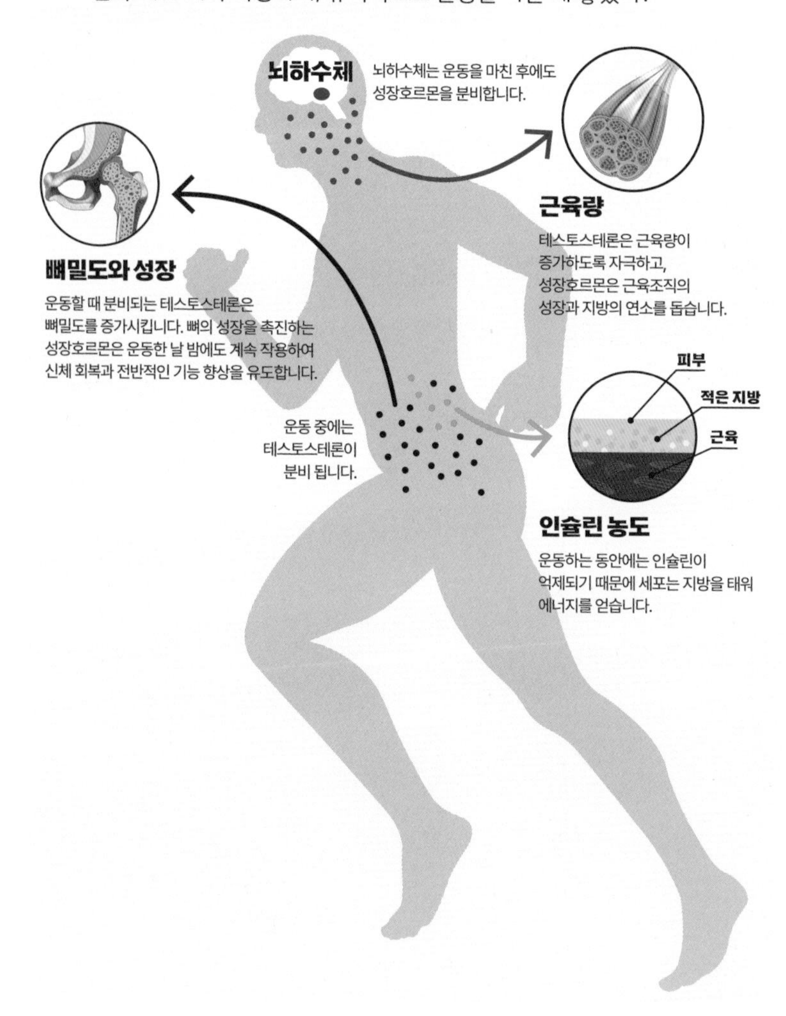

모두 달라요, 체형

••• 스포츠 선수와 체형

스포츠 선수들은 모두 키가 크고 울퉁불퉁한 근육질의 몸을 가지고 있을까? 운동경기나 뉴스 등을 통해 선수들을 살펴보면, 스포츠 종목별로 모두 서로 다른 체형을 가지고 있다는 걸 알 수 있어.

예를 들어 마라톤 같은 장거리 달리기 선수는 근육보다는 심폐기능이 더 중요하기 때문에 보통 마르고 작은 키의 가벼운 몸을 가지고 있어. 반면에 단거리 달리기 선수는 어깨와 골반이 넓고 균형적으로 발달한 근육질의 몸을 가지고 있지.

수영선수는 큰 키에 작은 머리와 넓은 어깨 등 상체가 많이 발날했지만, 배드민턴 선수는 대퇴부(넓적다리)를 중심으로 하체가 많이 발달했지.

유도 선수는 힘이 아주 세. 도복을 잡고 경기를 해야 하기 때문에 악력도 아주 강하고, 두꺼운 뼈대와 상체 근육이 잘 발달되어 있어. 그리고 복싱선수는 체지방량이 적고 긴팔과 긴다리를 가지고 있어.

농구 선수를 본 적 있니? 농구 선수는 키도 크지만, 자신의 키와 비슷하거나 키보다 더 긴 윙스팬(두 팔을 벌린 자세에서 양 손 끝까지의 거리)을 가지고 있어.

한눈에 보는
스포츠 선수의 체형

종목에 따라 서로 다른 선수들의 체형을 살펴보세요.

장거리달리기

- 키가 작고 체중이 가벼워요.
- 지근이 많아 단거리 선수에 비해 근육이 얇아요.

단거리달리기

- 발목이 가늘고 골반이 넓어요.
- 어깨가 발달했어요.
- 속근이 발달해 근육이 두꺼워요.

태권도

- 허벅지, 종아리 등 하체가 발달했어요.
- 키가 크고 다리가 길어요.

유도

- 손과 발이 크고 악력이 매우 강해요.
- 뼈대가 두껍고 상체 근육이 발달했어요.

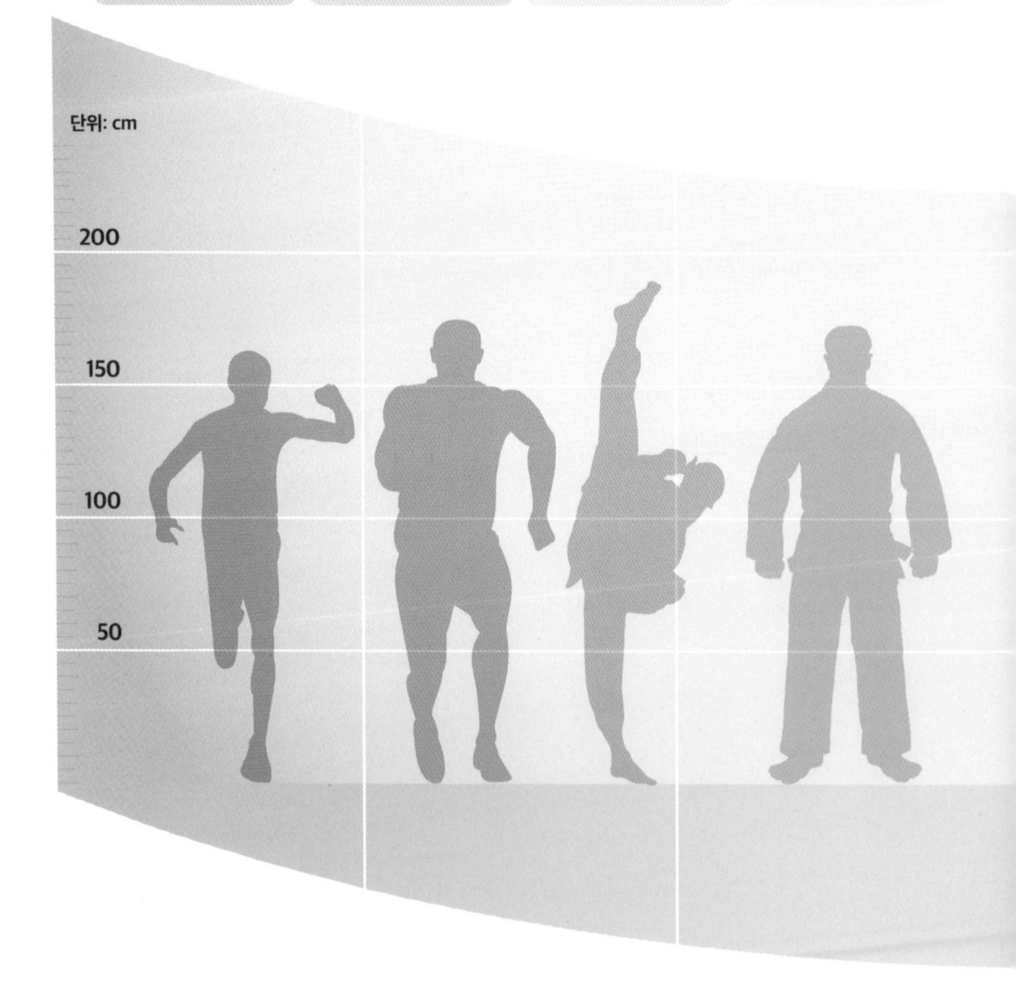

수영

· 키가 크고 어깨가 넓어요.
· 팔이 길고 발이 커요.
· 하체보다 상체가 길어요.

농구

· 팔이 길어, 양팔을 옆으로 펼친 길이가 키와 비슷하거나 커요.
· 손이 커요.

권투

· 팔과 다리가 길어요.
· 체지방량이 적어요.

배드민턴

· 대퇴부를 중심으로 하체가 발달했어요.
· 키가 크고, 팔이 길어요.

누가 누가 더 클까?
선수들의 체격 살펴보기

키보다 긴 농구 선수의 양팔 길이

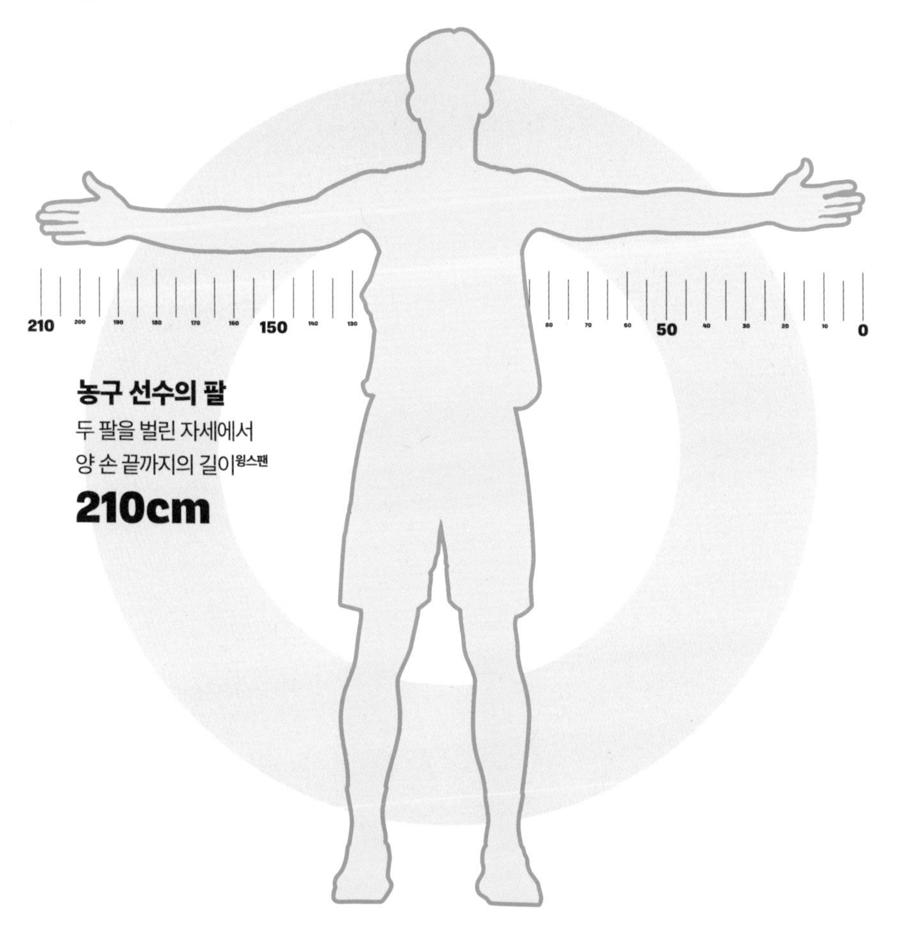

농구 선수의 팔

두 팔을 벌린 자세에서
양 손 끝까지의 길이 윙스팬

210cm

농구 선수는 이런 훈련도 해요

- 개인별 심폐 기능을 최대한 발휘할 수 있게 **심박측정기**를 활용한 훈련
- EPTS 전자 성능 추적 시스템로 선수의 심박수, 활동량 등을 확인해 컨디션 관리

공을 장악하는 배구 선수의 손 크기

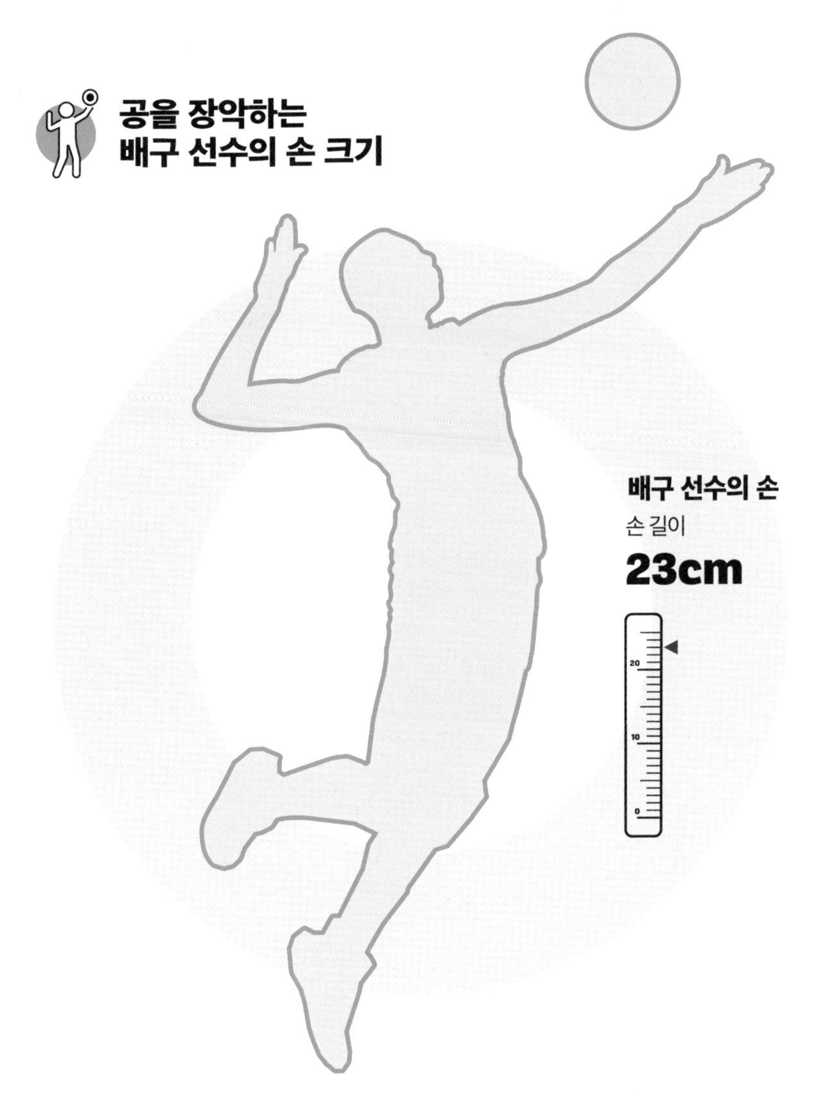

배구 선수는 이런 훈련도 해요

- **트레이너 머신**으로 서브의 속도, 강도를 조정하여 리시브 훈련
- 서브 훈련 시 **스피드건**과 **영상 분석 프로그램**으로 선수별 가장 효율적인 서브의 방향 및 타이밍 파악

누가 누가 더 클까?
선수들의 체격 살펴보기

둘레가 곧 스피드
스켈레톤 선수의 허벅지 둘레

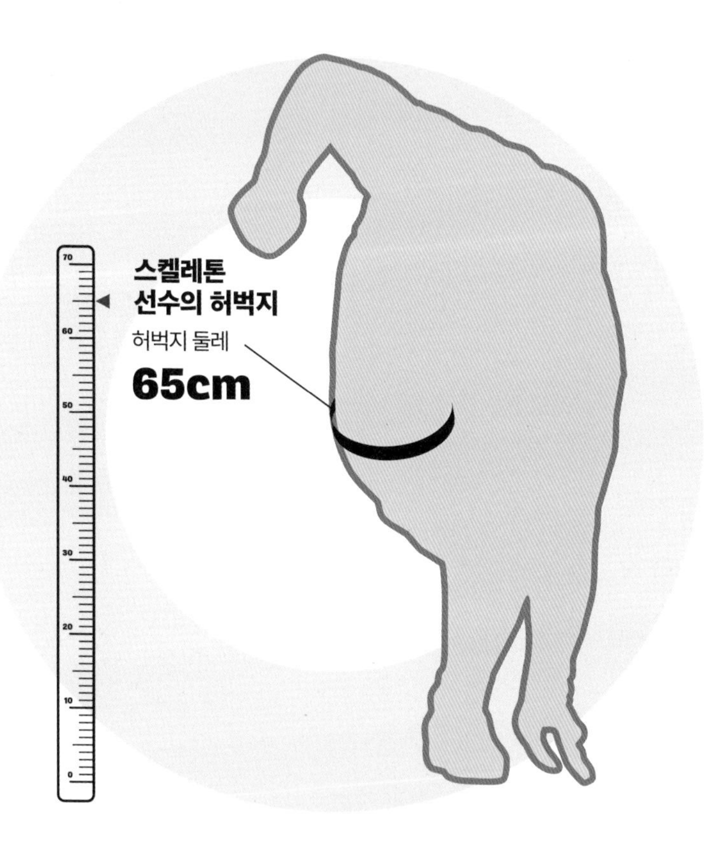

스켈레톤·봅슬레이 선수는 이런 훈련도 해요

- 고지대 적응, 신체 회복 등을 위한 **인공환경**챔버공기압 조절이 가능한 밀폐시설 훈련
- 전세계 경기장 10여 곳을 **가상현실**로 구현한 모의훈련

순간적인 파워를 지닌 축구 선수의 허벅지 둘레

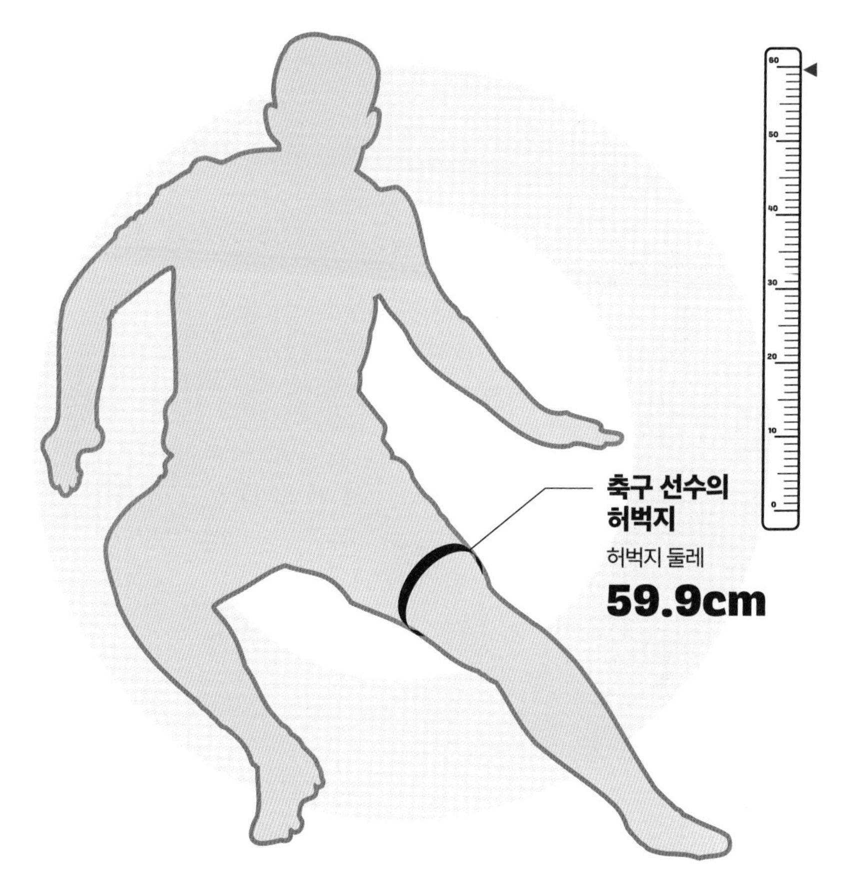

축구 선수는 이런 훈련도 해요

- **EPTS**전자 성능 추적 시스템를 활용하여 선수들의 위치, 생체신호 등 운동량 측정
- **웨어러블 GPS 트래킹**을 이용하여 아마추어 선수들의 활동량 및 운동 데이터 분석
- **축구공 자동 발사 장비**로 축구공의 슈팅 속도 및 궤적을 조절하여 골키퍼 훈련

●●●
생각하는 스포츠

스포츠와 과학이 결합한 지 얼마 안 됐을 것 같지만 사실 스포츠과학(Sports Science)은 근대 스포츠의 보급과 함께 시작됐어. 1930년대 무렵부터 연구소가 설립되고 연구 대상이 확대되는 등 스포츠과학은 스포츠와 함께 발달해왔어.

우리나라 스포츠과학의 역사는 그렇게 길지 않아. 1960년대 처음 대학의 연구소가 설립되었으나 거의 유명무실했어. 1970년대 후반에야 태릉선수촌에 스포츠과학연구소가 설립되었고 1980년대부터 최신 실험장비가 도입되었지. 오늘날에 이르러 스포츠과학과가 대학에 신설되는 등 스포츠 선진국의 면모를 갖추고 있지만, 사실 아직도 스포츠를 보며 과학을 떠올리기가 쉽지 않지. **친숙한 스포츠에 어떤 과학 원리가 숨어있는지 함께 알아보며, 과학과 스포츠를 두루 이해해보자.**

2부

생각하는 스포츠

1 슛 앤 샷! 축구와 농구

슛~ 골인! 축구

••• 축구의 규칙, 알고 있니?

- 골키퍼 1명을 포함한 11명으로 된 두 팀이 경기
- 전, 후반 45분씩 경기
- 하프 타임 휴식은 15분 초과 불가
- 경기시간 총 90분 외에 선수 교체 또는 프리킥, 페널티킥 등으로 소요된 시간을 모두 더해 추가 시간 발생
- 정규 경기시간 내 승부가 나지 않으면 전·후반 15분씩 총 30분의 연장전 진행
- 연장전 이후에도 승부가 나지 않으면 승부차기를 진행

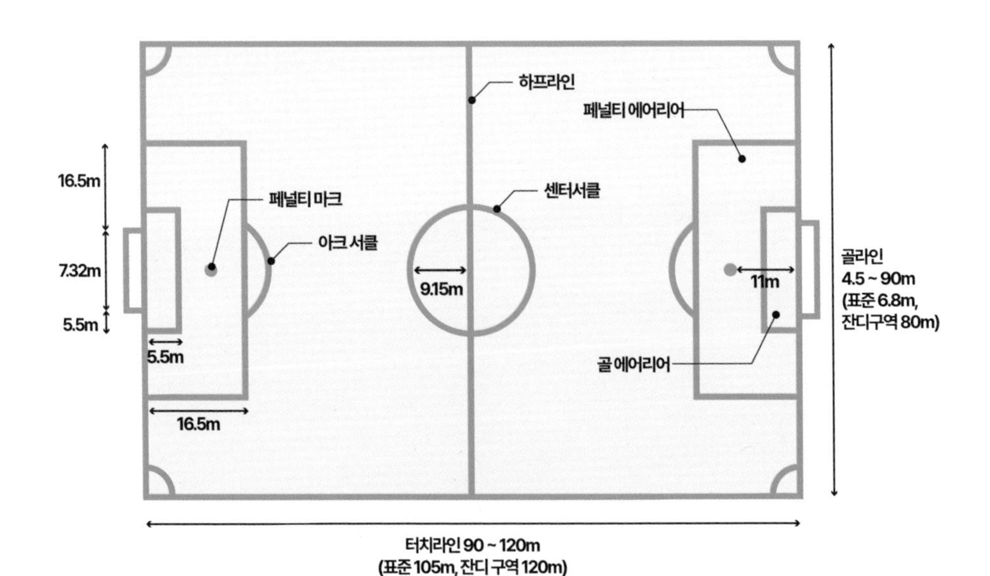

••• 축구공 속 다면체

축구공을 살펴보면 우리가 잘 아는 도형 2개를 찾을 수 있어. 맞아. 바로 오각형과 육각형이야. 그럼 축구공 속에는 왜 오각형과 육각형이 섞여 있을까? 그 이유는 바로 구(球 공 구)에 가장 가까운 모양을 만들기 위해서야.

완전한 구 모양을 위해 6조각, 12조각, 18조각의 가죽으로 이루어진 다양한 축구공이 고안되는 등 현재까지도 축구공은 계속 발전하고 있어. 특히 월드컵 등 큰 대회에서는 '공인구'라는 공식적인 공을 지정해서 사용하는데, 매번 어떤 공인구가 발표될지 세계적인 관심이 쏠리고 있어.

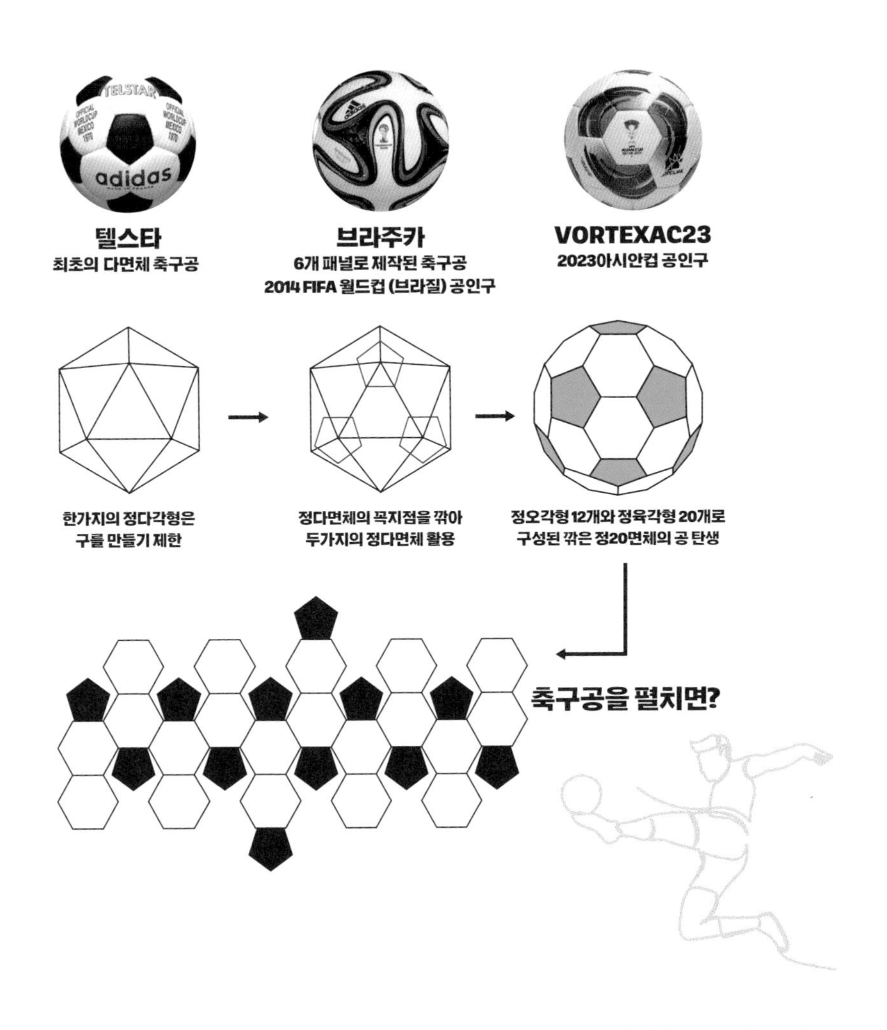

••• 바나나킥의 비밀

골키퍼를 혼란시키는 바나나킥을 한 번쯤 보거나 들어봤을 거야. 축구공은 어떻게 휘는 것일까?

바나나킥에는 '마그누스 효과'가 숨어있어. 물체가 회전하면서 이동할 때, 회전하는 방향의 한쪽 면에서는 공기가 물체와 같은 방향으로 움직이고, 반대편 면에서는 공기가 물체와 반대 방향으로 움직이게 돼. 이로 인해 한쪽 면에서는 공기가 상대적으로 빨라지고, 반대쪽 면은 느려지는 거야. 이 공기의 속도 차이로 발생하는 압력 차이가 물체를 특정한 방향으로 밀어내는 힘을 만들어 내. 예를 들어 오른발 안쪽으로 공을 차면, 오른쪽은 공기의 압력이 커지고 왼쪽은 작아지게 되면서 반시계방향으로 공이 휘어지게 돼. 공을 발의 안쪽으로 감아차면 공이 안쪽으로 휘고, 공을 바깥으로 차면 반대로 휘게 되는 거야. 직접 공을 차보며 바나나킥에 한번 도전해 볼까?

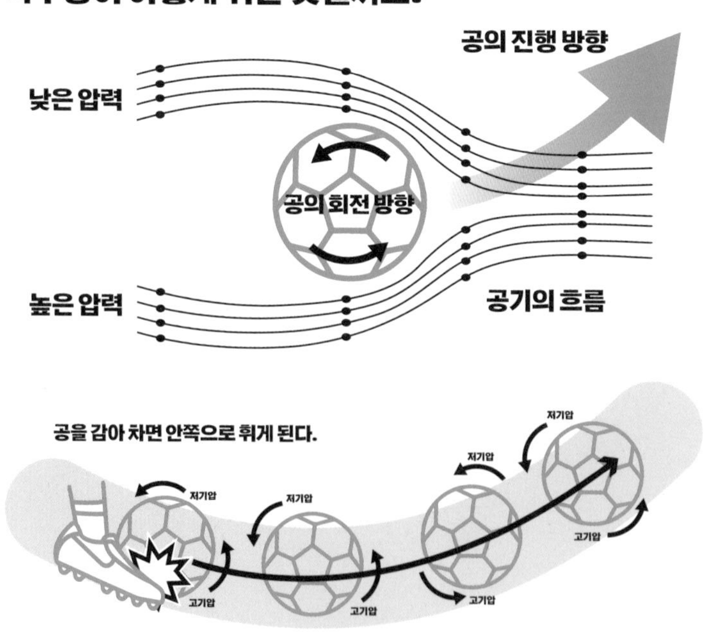

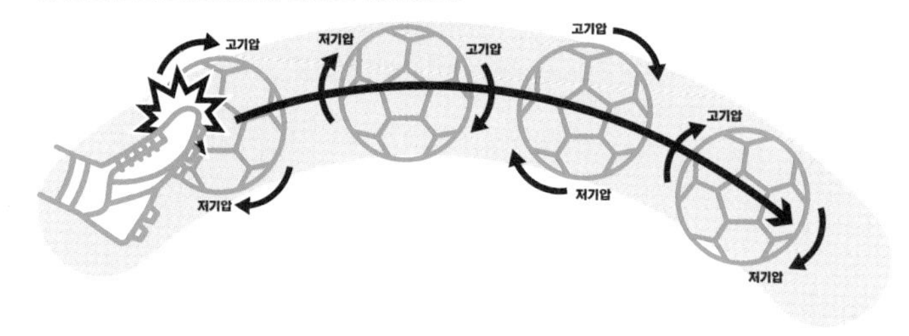

••• 달려나오는 골키퍼

축구 경기를 보다 보면 상대가 공을 몰고 골문으로 향할 때 골키퍼가 달려 나오는 모습을 볼 수 있어. 골키퍼는 가만히 있지 않고 왜 달려나올까?

골키퍼가 나오는 이유는 슈팅의 각도를 좁히기 위해서야. 골키퍼가 골대 쪽에 머무르고 있으면 상대 선수 입장에서는 골대에 골을 넣을 수 있는 공간이 많아져. 반대로 골기퍼가 골대 앞으로 나오게 되면, 상대 선수는 공을 넣을 수 있는 공간이 제한되지.

다만 한 가지 유의할 점은 상대 선수가 바로 슛을 차지 않고 동료에게 패스해버리는 상황이 발생할 수 있다는 거야. 이러면 골문이 완전히 비어버리기 때문에 골키퍼는 위험을 감수하고 판단해야 해.

골키퍼는 왜 달려 나올까?

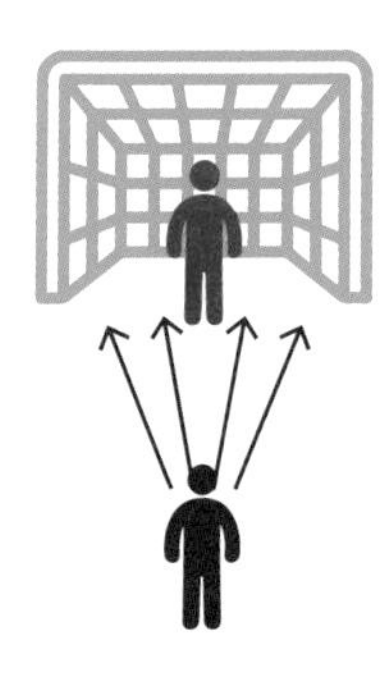

골대에 가까이 있을 때 :
골을 넣을 수 있는 공간이 많아요.

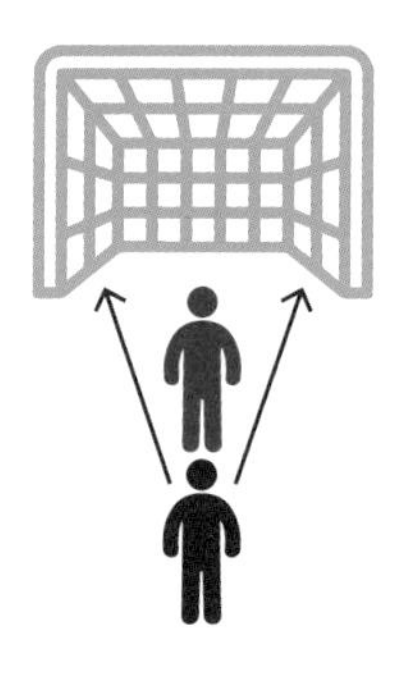

골대에서 나와 있을 때 :
골을 넣을 공간이 줄어들어요.

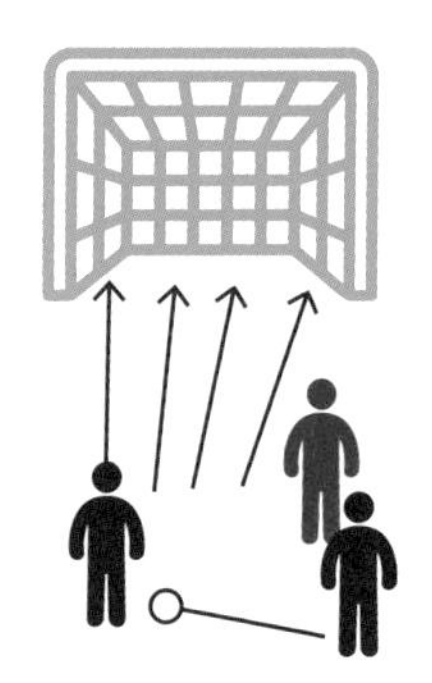

다음과 같이 패스해 버리면 완전히
빈 공간이 되기 때문에 상대의 단독 찬스
같은 위험한 상황에서만 골키퍼가 나와요.

PLUS 6 축구와 과학의 만남, EPTS

2022년 카타르 월드컵을 기억하니? 포르투칼전 당시 황희찬 선수가 결승골을 넣고 웃통을 벗었는데, 까만색 나일론 조끼를 걸치고 있어서 화제가 된 적 있어. 이 조끼는 'EPTS(Electronic Performance Tracking System)' 라는 전자 퍼포먼스 추적 시스템이 장착된 웨어러블 기기야.

EPTS는 선수의 상태를 정밀하게 확인하기 위해 입어. 이 기기를 착용한 선수가 90분 동안 얼마나 그라운드를 누비는지 그 활동량뿐 아니라 최고 속도, 뛴 거리, 심박수, 패스 성공률, 스프린트 횟수와 구간 등이 모두 측정돼. 이 정보는 약 30초 만에 코치진에게 전달되어 경기 전략과 선수 교체 등 전략적 분석 데이터로 사용된단다. 게다가 EPTS로 수집된 데이터는 AI가 최적의 조건과 최상의 전략을 구성해주기 때문에 경기의 승패를 가르는 새로운 요인으로 대두되는 등 그 중요성이 갈수록 커지고 있어.

바스켓을 흔들어라, 농구

••• 농구의 규칙, 알고 있니?

- 교체 선수를 포함해 한 팀은 12명으로 구성되며, 그중 5명의 선수가 코트에서 경기
- 한 쿼터당 10분씩, 4쿼터까지 진행
- 3점 라인 밖에서 던져 공을 골대에 넣으면 3점, 필드골은 2점, 자유투는 1점
- 파울은 한 쿼터당 4번까지 가능, 그 이상일 경우 팀반칙이 적용되어 파울할 때마다 상대에게 자유투 기회 제공

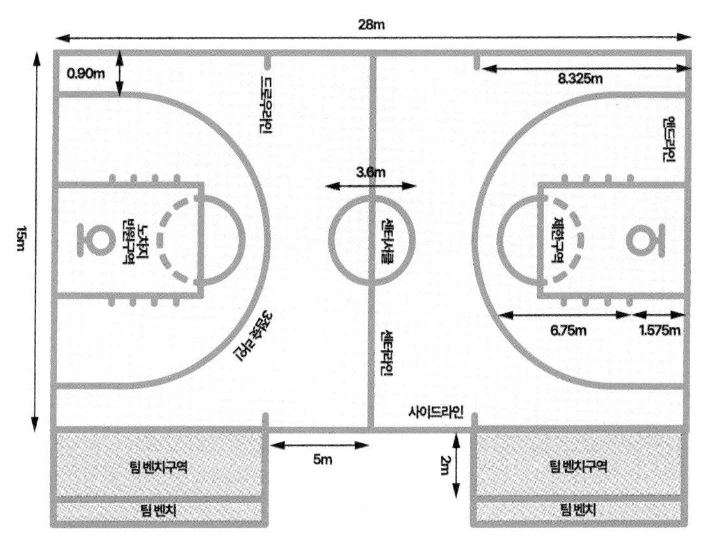

한국프로농구KBL, 국제농구연맹FIBA 규격 사이즈
*전미농구협회NBA의 규격은 28.65×15.24m

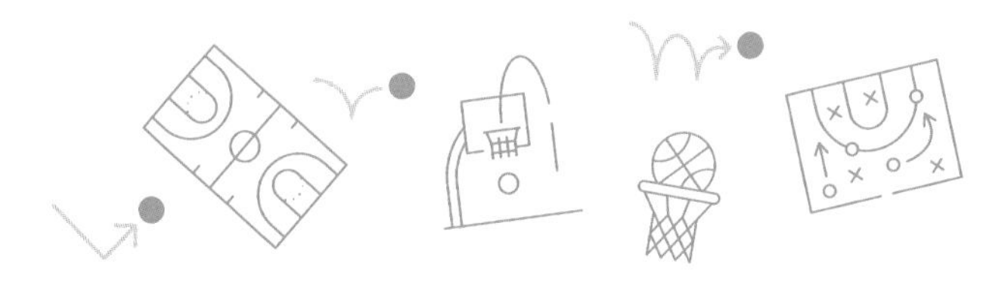

••• 경기장

선수들이 밟는 농구 코트는 왜 나무로 만들어졌을까? 일반적인 농구 코트에는 시멘트 바닥이나 우레탄 등 다양한 소재가 쓰이지만 프로 경기장은 오직 나무로만 만들어져. 나무 코트는 농구공에 탄성을 더하고 충격 흡수가 뛰어나거든. 균열이 생기지 않으니 내구성이 좋아 꾸준한 사랑을 받고 있어.

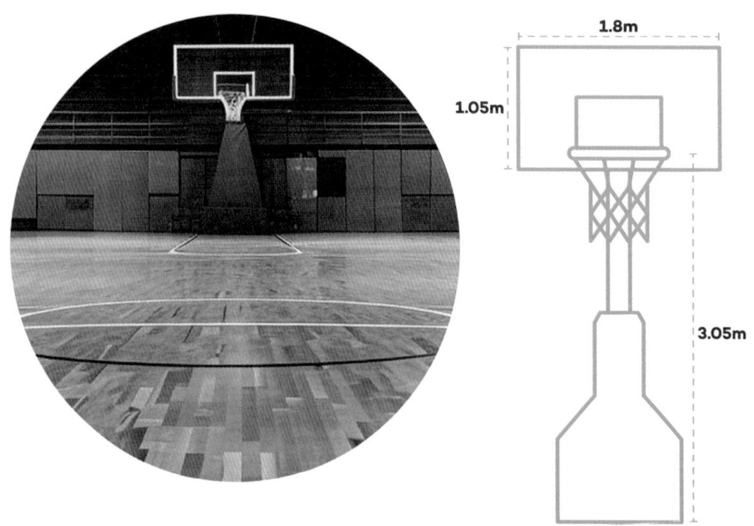

••• 농구공

다른 종목의 공은 대부분 흰색인데 농구공은 왜 주황색일까? 가장 큰 이유는 바로 눈의 피로도와 관련이 있어. 대부분의 농구 코트 바닥은 주로 갈색 계열이거든. 농구경기 특성상 계속 바닥을 보며 공을 튀겨야 하므로 눈의 피로를 줄일 수 있는 주황색이 최적이라 할 수 있어.

그렇다면 농구공은 왜 오돌토돌 돌기가 있을까? 공이 미끄러지는 것을 방지하고 공의 회전력을 증가시키기 위해서야. 농구에서 공의 패스는 굉장히 중요해. 공의 작은 돌기들이 패스의 정확도를 높이고 행여나 발생할 수 있는 미끄러짐을 예방해. 또한 공의 회전력이 증가하니 슛 또한 정확해지지.

••• 드리블

농구에서 드리블은 상대방의 압박 수비로 인해 패스나 슛이 어려울 때 공을 가지고 이동하는 기술이야. 이런 드리블에는 어떤 과학적 원리가 숨어 있을까?

농구공을 바닥에 튕기는 걸 바운드시킨다고 표현해. 바닥에 닿은 공이 다시 튕겨져 올라오는 이유는 탄성의 힘 때문이야. 그리고 바운드되어 올라온 공은 지면에서 받은 탄성으로 인해 위로 계속 움직이려는 힘을 가지고 있는데, 이게 바로 관성이야.

우리가 빠르게 드리블하며 이동하기 위해서는 공이 잘 튕겨져야 해. 그러려면 농구공에 주입된 공기량도 매우 중요해. 바람 빠진 공은 손이 있는 높이까지 올라오는 데 시간이 오래 걸리고, 통제력도 잃어버리게 되거든.

탄성으로 튀어오르는 공

손에서 전해진 힘으로 지면으로 향함

공이 지면에 부딪히며 에너지 일부가 지면에 전달

*바람이 부족할 수록 변형이 심해 더 적은 에너지가 지면에 전달

공이 지면에 부딪히면서 에너지는 지면에서 다시 공으로 전달

••• 3점슛의 비밀

3점슛을 성공할 수 있는 방법은 무엇일까? 그 비결은 포물선 운동에 있어. 힘을 가장 적게 들이고 물체를 멀리 던질 수 있는 각도는 45도야. 그렇다면 농구골대에 농구공을 45도로 던지면 항상 3점슛이 될 수 있을까? 실제로 던져보면 45도보다 조금 더 높은 각도로 던져야 성공률이 높아. 45도나 이보다 낮게 공을 던지면 공이 림에 떨어질 때 각도가 45도보다 작아지고 말아. 그래서 공이 튕겨 나오거나 림에 못 미치고 떨어지는 상황이 벌어질 수 있어. 3점슛에 성공하려면 림을 향해 45도보다 더 높게 던지기, 알겠지?

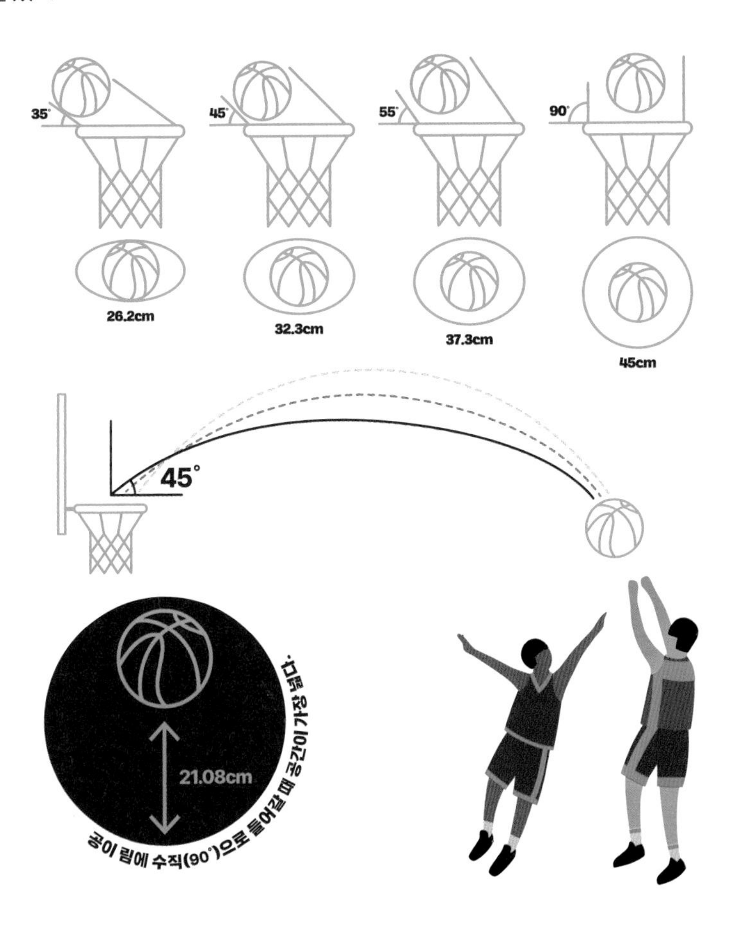

PLUS 7 서전트 점프

점프력을 측정하는 가장 일반적인 방법은 서전트 점프야. '수직 점프', '제자리 높이뛰기'라고도 해. 한때 농구의 대명사였던 마이클 조던의 점프력은 무려 122cm이나 된다니 엄청나지?

아래 선수들의 기록과 나는 얼마나 차이날지, 제자리에서 서전트 점프를 뛰어보고 비교해볼까? 서전트 점프를 할 때는 무릎을 굽혀 점프 시 반동을 사용하는 게 중요해. 발끝은 펴고 손은 최대한 높게 하여 수직 점프를 해봐. 최대한 높은 지점까지 점프하고, 안전하게 착지하는 거야. 운동화 신는 것 잊지 말고!

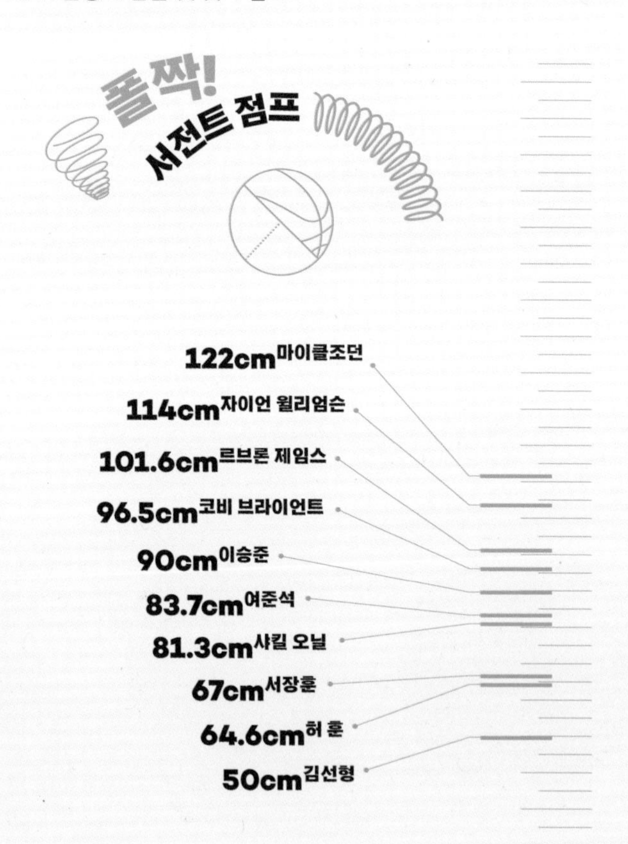

2 펜스를 넘어, 야구와 탁구

홈런~ 삼진아웃! 야구

••• 야구의 규칙, 알고 있니?

- 9명으로 구성된 두 팀이 공격과 수비를 번갈아가며 총 9회의 경기를 진행
- 공격팀 선수가 나와 공을 치고 1, 2, 3,루를 돌아 다시 처음 공을 쳤던 홈플레이트로 돌아오면 1점을 획득
- 아웃이 3번 되면 공격과 수비가 교대하고, 9회가 끝났을 때 더 많은 점수를 내는 팀이 승리

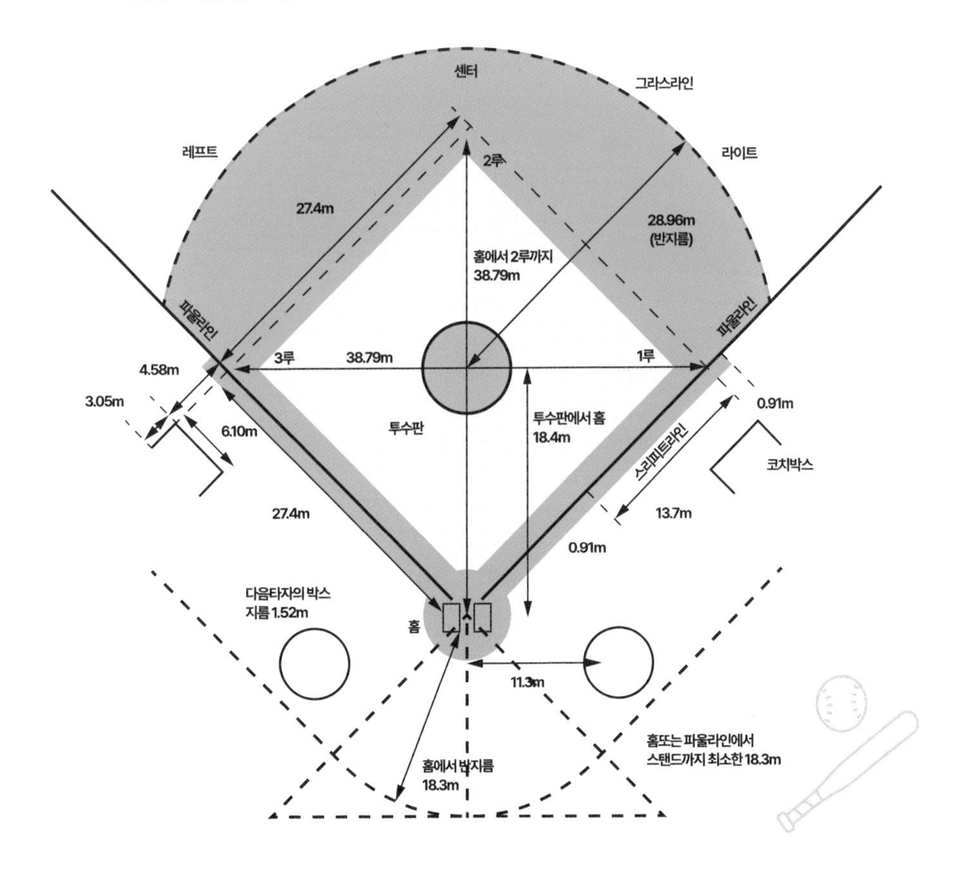

••• 7.23cm에 압축된 과학

야구공은 어떻게 만들까? 야구공을 만드려면 먼저 작은 코르크 심에 고무를 덧대고, 그 위를 두툼한 털실로 촘촘하게 감싸야 해. 그 후 얇은 털실로 또 한 번 빈틈없이 감싸고 다시 그 위를 면 겹사로 감싸. 그리고는 붉은 실로 108번 바느질해 가죽을 이어 붙여 만들어. 어휴~ 정말 복잡하지?

야구공을 이렇게 만드는 이유는 바로 '반발계수' 때문이야. 반발계수는 두 물체가 충돌할 때 다시 튀어 나가는 정도를 말해. 즉 공이 배트에 부딪혔을 때 튕겨나가는 속도를 가리키지. 야구공의 반발계수가 높아지면 홈런의 확률이 높아져.

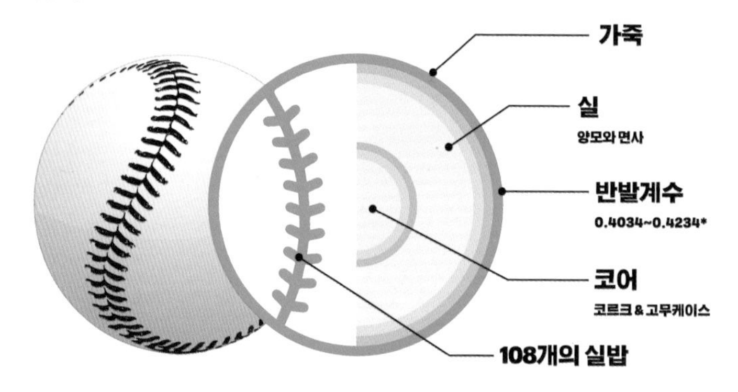

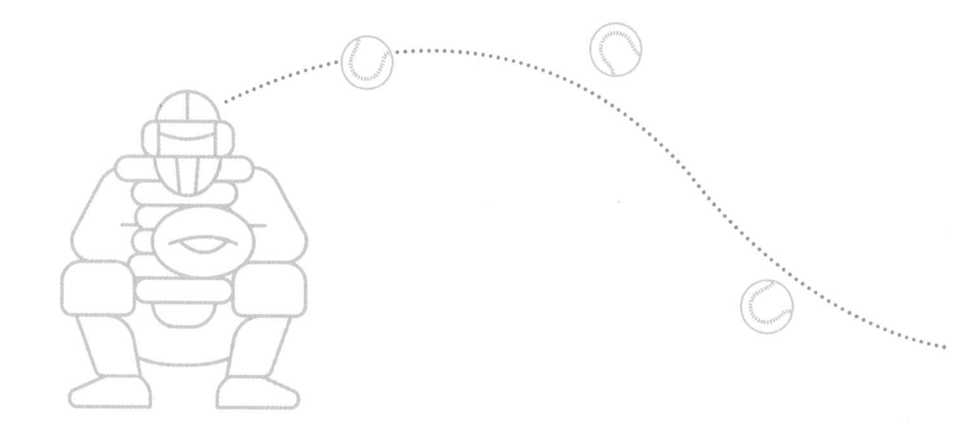

••• 108개의 실밥

야구공이 날아갈 때 공기는 공의 표면을 타고 뒤쪽으로 흘러. 이 공기의 변화에 따라 공의 방향이 바뀔 수 있어. 투수가 어떻게 실밥을 쥐느냐에 따라 투수의 의지대로 공이 회전할 수 있는 거지. 타자가 칠 수 없도록 빠른 강속구와 변화구를 만들어 낼 수 있는 건 바로 야구공 표면에 있는 108개의 실밥 덕분이야.

구속과 비거리

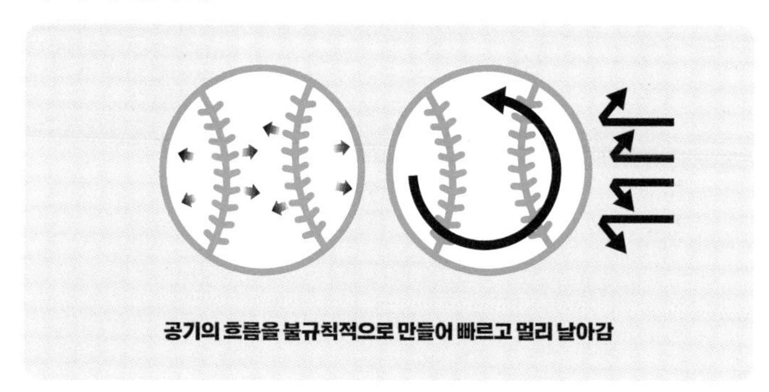

변화구

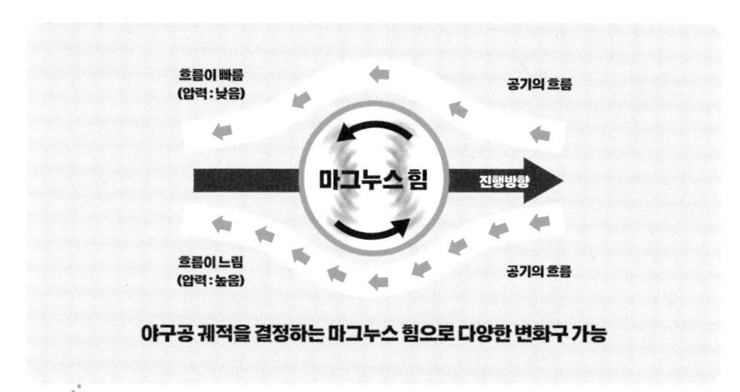

••• 변화무쌍 피칭

투수처럼 빠른 공은 어떻게 던질 수 있을까? 강하고 빠른 공을 던지기 위해서는 두 다리로 단단히 서는 게 먼저야. 그 후 오른손잡이라면 왼발을 들어서 오른발에 체중을 실으며 옆으로 서. 그리고 공에 속도를 더하기 위해 왼발에 체중을 실으며 팔과 허리를 들어. 마지막으로 왼발을 충분히 내디디며 체중을 완전히 이동시키는 동시에, 공을 힘차게 던지는 거야.

목표를 향해 옆으로 서요.

공에 속도를 더하기 위해 왼발에 체중을 실으며 팔과 허리를 틀어요.

오른발을 충분히 내딛으며 체중을 완전히 이동시켜요.

••• 홈런의 조건

홈런은 야구의 아름다운 마침표라 해도 과언이 아니지. 속이 뻥 뚫리는 홈런을 칠 수 있는 비법이 무엇일까?

보는 사람에게는 통쾌한 한방이겠지만, 그 원리를 안다면 그 한방이 얼마나 어려운 일인지 알 수 있어. 홈런을 치기 위한 세 가지 과학적 조건을 따져보자.

첫 번째, 공이 부드럽게 호를 그리며 날아가도록 공을 위쪽으로 높이 쳐야 해.

두 번째는 '타격'. 배트가 공에 가하는 충격은 공이 얼마나 높고 멀리 나아가는지 결정하는 데 중요한 역할을 해. 그러려면 배트의 '스위트 스팟(Sweet Spot)'을 맞추는 것이 중요해. 스위트 스팟이란 배트 끝에서 손잡이 쪽으로 약 17㎝ 정도 들어간 부분이야. 여기를 맞추면 공은 날아오던 에너지의 손실 없이 방향만 바꿔 곧장 경기장 담장 너머로 날아갈 수 있어.

홈런을 친 선수들은 종종 인터뷰에서 “맞는 순간 넘어가는 것을 알았다”고 말해. 이처럼 선수들은 공이 배트에 제대로 맞았을 때 짜릿한 손맛을 느낀다고 해. 타격에 불편함도 없고 힘 안 들고 공이 튕겨나가는 느낌이야. 스위트 스팟에 공이 맞았을 때의 편안한 느낌이지.

마지막으로 세 번째 조건은 ‘반응시간’이야. 빠르게 날아오는 공의 속도와 각도를 가늠하고 근육을 적절한 방향으로 움직여서 빠르게 배트를 휘둘러야 해. 일반 야구장에서 투수와 타자의 거리는 18.4m야. 만약 투수가 시속 150km의 공을 던진다면 공은 약 0.4초 만에 포수에게 도착하게 돼. 사람의 반응시간이 약 0.25초이므로 타자가 어떻게 배트를 휘두를지 판단할 수 있는 시간은 0.15초 이내여야 하지. 그래서 보통 타자들은 투수의 특징과 투구 자세, 공이 손에서 떨어지는 순간 등을 보고 미리 배트를 휘둘러.

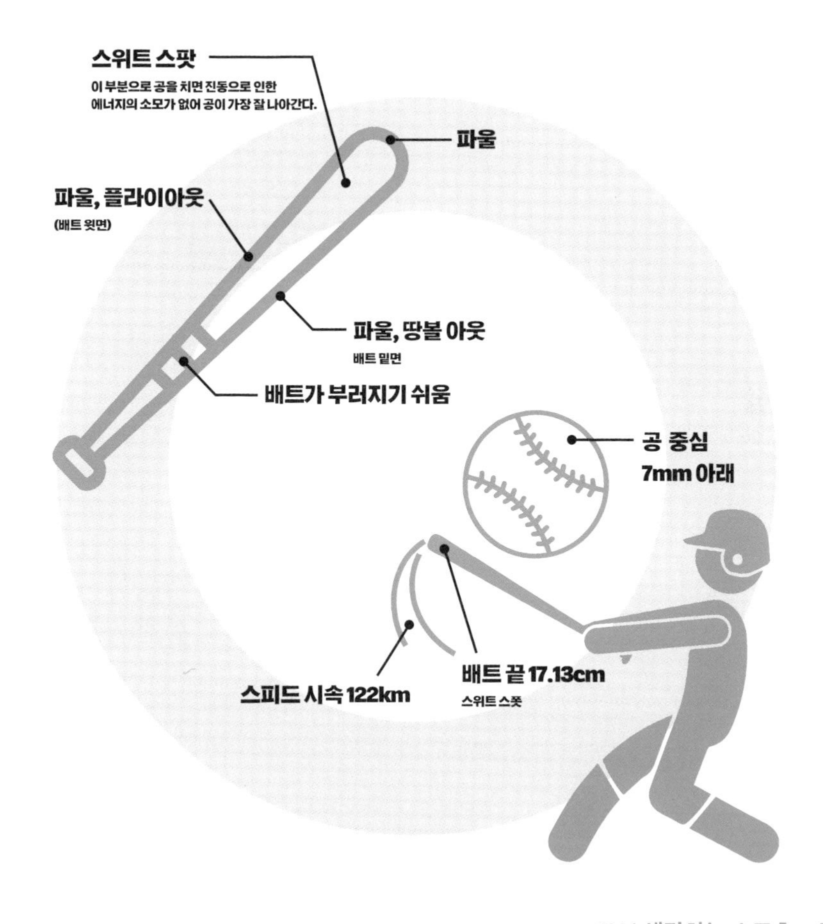

PLUS 8 커브? 슬라이더? 다양한 구종

투수의 목표는 타자가 배트로 치기 어려운 공을 던지는 거야. 이때 투수는 야구공을 던지는 속도뿐 아니라 팔의 각도, 공을 쥐는 모양, 세게 잡냐 느슨하게 잡느냐, 실밥을 어떻게 얼마나 잡느냐에 따라 다양하게 날아가는 공을 던질 수 있어. 심지어는 바람의 힘까지도 이용하지. 이렇게 공이 날아가는 궤적을 분류해 구종이라고 해. 구종은 투수가 잡는 그립에 따라 나눌 수 있어.

대표적인 구종 *우완 투수 기준

포심 패스트볼
Four-seam fastball
일반적으로 말하는 직구

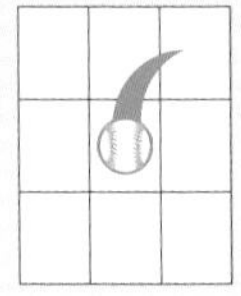

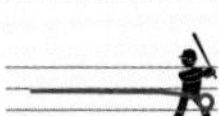

투심 패스트볼
Two-seam fastball
직구와 거의 비슷한 구속에 우타자 몸쪽으로 휘어들어감

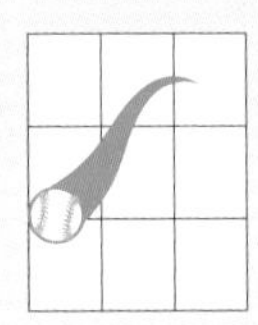

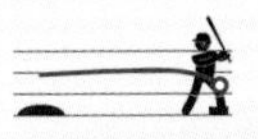

서클 체인지업
Circle changeup
좌타자 바깥쪽으로 휘면서 떨어짐

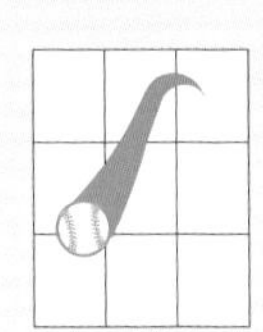

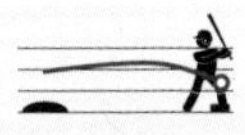

커브
Curveball
타자 눈높이부터 스트라이크존 밑으로 크게 떨어짐

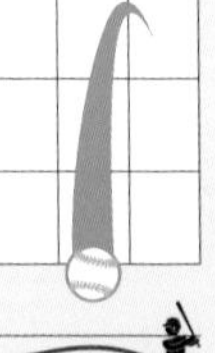

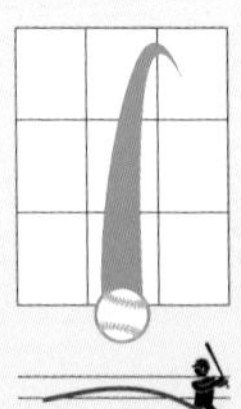

슬라이더
Slider
직구처럼 들어오다가 우타자 바깥쪽으로 흘러나감

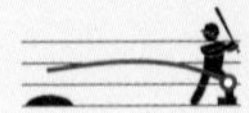

포크볼
Forkball
직구처럼 들어오다 스트라이크존 밑으로 가라앉음

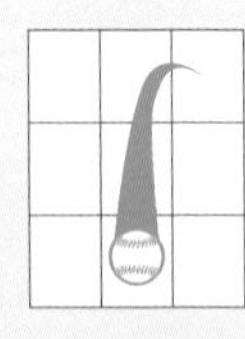

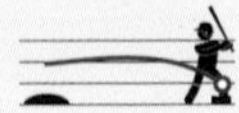

작고 가벼운 공, 탁구

••• 탁구의 규칙, 알고 있니?

- 일반적으로 5세트 또는 7세트로 경기 진행
- 각 세트는 11점을 먼저 얻은 선수가 승리
- 두 선수 모두 10점일 경우 한 선수가 2점을 연속으로 얻어야 승리
- 두 선수가 2점씩 얻을 때 서브 교대지만, 두 선수 모두 10점이면 1점마다 서브 교대
- 상대 선수가 공을 제대로 쳐내지 못하거나 공이 상대 테이블 밖으로 나가면 점수 획득
- 공이 네트에 걸리더라도 상대편 쪽으로 넘어가면 계속 진행

••• 탁구공

2015년 이후 탁구공은 셀룰로이드에서 플라스틱으로 공인구의 재질을 교체했어. 기존의 셀룰로이드 공 표면에는 미세한 돌기와 접합면이 있었지만 플라스틱 공은 유리판처럼 매끄러워. 그래서 탁구공이 라켓 표면에 붙이는 고무 재질의 러버와 만날 때 마찰력이 줄어들었어.

셀룰로이드와 플라스틱 탁구공

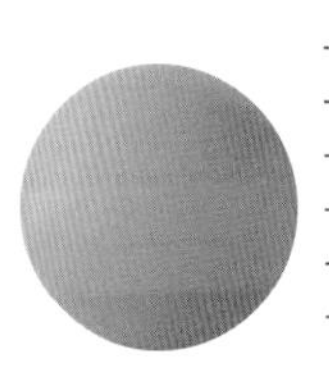

◀ 셀룰로이드 공		플라스틱 공 ▶
39.5~40.5mm	지름	40.0~40.6mm
2.67~2.77g	무게	
305mm 높이에서 낙하 때 240~260mm 튀어 오름	탄력성	셀룰로이드 공과 동일
표면에 미세한 돌기가 있음	표면	유리판처럼 매끈함
있음	이음매	제조사별로 차이. 20%가 이음매 없음. 장단점 논의 중

라켓으로 작고 가벼운 공을 타격하는 탁구는 공이 변화무쌍하게 회전하기에 더 재미가 있어. 탁구공의 회전은 라켓을 통해 가해지는 힘의 방향에 따라 결정돼. 공의 윗부분을 타격하면 전진 회전하고, 아랫부분을 타격하면 역회전을 하게 돼. 그리고 공에 회전을 강하게 주기 위해서는 공과 라켓이 닿는 시간이 길어야 해.

변화무쌍 탁구공의 회전

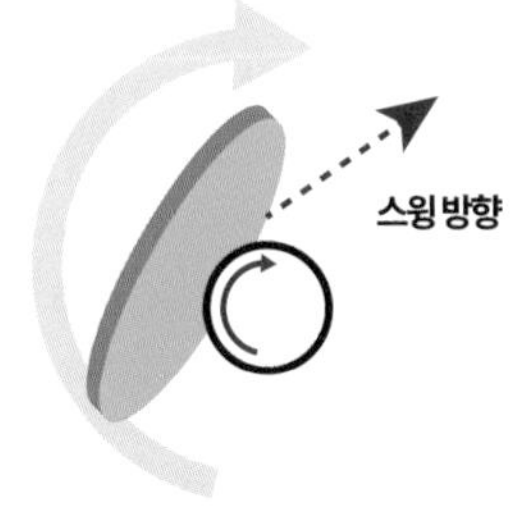

전진 회전 공 만들기

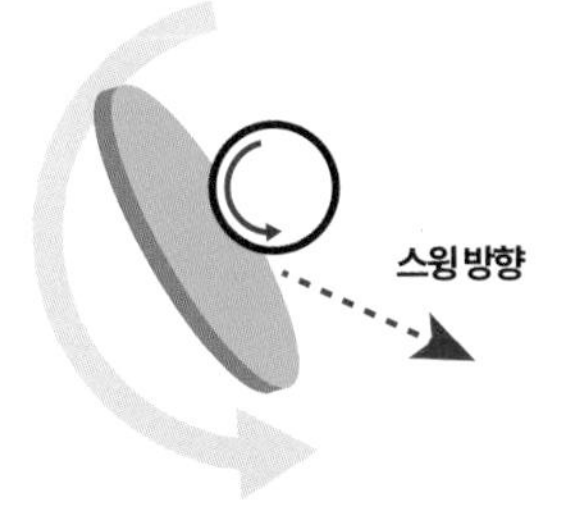

역회전 공 만들기

••• 서브

탁구 경기에서 탁구공을 일단 띄웠다가 서브를 보내는 장면을 본 적이 있을 거야. 왜 그렇게 서브해야 할까?

탁구에는 특별한 규칙이 있어. 바로 서브할 때에는 손에서 16㎝ 이상 높이로 띄운 다음 공이 내려오는 타이밍에 쳐야 한다는 거야. 이런 규칙은 왜 생겼을까?

탁구공은 2.7g으로 전 구기종목 중 가장 가벼운 공을 사용해. 그만큼 외부에서 가하는 힘에 큰 영향을 받아. '뉴턴의 제2법칙'인 '가속도의 법칙', 'F=ma' 에 의하면, 높게 토스했다 서브하면 더 빠른 속도로 공을 보낼 수 있어.

탁구공을 띄워서 서브하는 이유

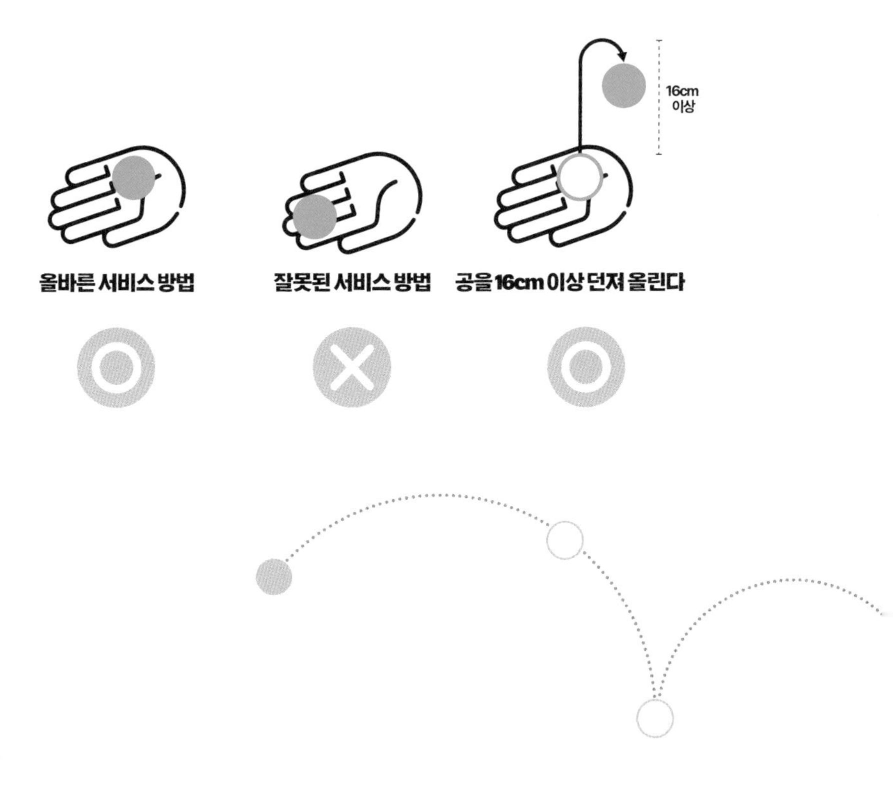

PLUS 9 탁구 라켓과 러버

탁구 라켓은 목판과 고무 재질의 러버로 구성되어 있어. 라켓의 크기, 모양, 무게에는 제한이 없지만, 러버의 두께는 4㎜ 이하로 규정하고 있어.

러버는 평면, 돌출(핌플), 롱 핌플 3가지로 분류해. 공격형 선수들은 주로 평면러버를 쓴다는 특징이 있어. 평면러버는 볼과 접촉면적이 커서 공에 회전을 일으키기가 쉬워. 반면에 돌출러버는 상대가 회전을 걸어 보내는 공의 영향을 잘 받지 않아. 그래서 수비형 선수들은 앞면엔 평면, 뒷면엔 돌출러버를 혼합한 라켓을 사용해 다양한 구질을 만들어.

탁구 라켓과 러버의 종류

IN

평면러버

볼과 접촉면적이 크고, 회전을 걸기 쉬운 러버

OUT

돌출(핌플)러버

상대 회전의 영향을 잘 받지 않는 러버

LONG

롱핌플러버

핌플이 변형되어 예상 외의 변화를 주는 러버

3 함께 즐겨요, 레저 스포츠

평생 스포츠, 골프

••• 모두의 골프

골프는 작은 공을 클럽(골프채)으로 치는 스포츠로, 잔디로 된 코스에서 경기를 치러. 최소한의 횟수로 공을 구멍에 넣는 것이 목표인 골프는 기술, 전략, 정밀성, 신경제어가 필요한 스포츠야. 그래서 신체적인 능력뿐 아니라 정신력과 전략적 사고도 요구되기에 남녀노소 상관없이 평생 동안 즐길 수 있다는 점이 특징이야.

••• 골프공

골프공은 정확성과 비행거리를 극대화하기 위해 특별한 구조와 재료로 만들어져. 크기가 작아보여도 딤플과 커버, 쉘, 코어로 엄밀히 구분하는데 부위마다 역할이 달라.

딤플 공의 표면에 있는 작은 구멍을 딤플이라고 해. 공의 공기저항을 줄이고 스핀율을 제어하여 비행거리와 정확성을 향상시켜.

커버 공의 겉면을 둘러싼 커버는 보통 우레탄이나 실리콘 등의 탄소복합재료로 만들어져. 커버의 디자인은 공의 스핀율과 비행거리에 영향을 끼쳐.

쉘 쉘은 공의 내부구조를 보호하고 강화하는 역할을 해. 일반적으로 고무나 고밀도 플라스틱으로 만들어지며, 공의 내구성과 회전력을 개선하는 데 중요하지.

코어 골프공의 중심에 위치한 부분으로 에너지를 저장하고 전달하여 충격 시 공의 비행거리와 정확성을 결정해. 코어는 보통 고무나 폴리머로 만들어지며, 내부 공기압력과 탄성이 중요한 요소야.

골프공의 구조

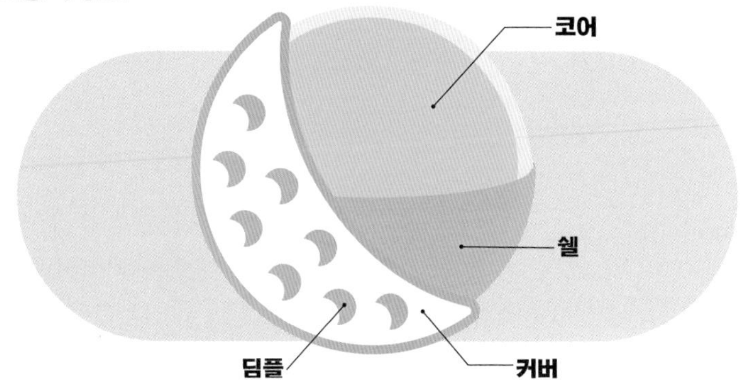

••• 퍼팅에 뉴턴의 운동법칙이?

퍼팅할 때 골프채의 헤드가 골프공을 치면 그 힘으로 공이 움직여. 여기에는 뉴턴의 운동 2법칙이 적용돼. 공의 질량(m)이 일정하기 때문에 공에 작용하는 힘(F)이 클수록 공의 가속도는 빨라져. 그 외에도 뉴턴의 운동 제3법칙(작용 반작용의 법칙) 등이 적용돼. 한 마디로 골프는 물리법칙이 총망라된 운동이라고 볼 수 있어. 필드의 경사도, 매끄러움, 건조한 정도 등의 요소들 또한 퍼팅할 때 방향과 세기를 결정하는 데 영향을 미쳐.

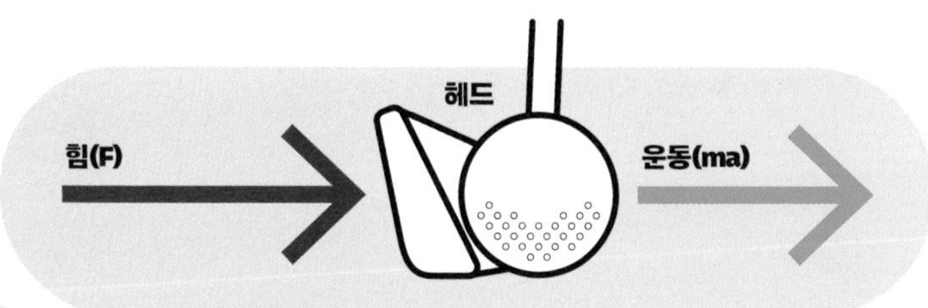

건강 스포츠, 사이클

••• 다함께 사이클

사이클은 자전거를 이용해 레저를 즐기거나 경주를 하는 스포츠를 가리켜. 요즘에는 자전거 도로를 흔히 볼 수 있는 것처럼 사이클 스포츠는 여가 활동으로도 인기가 많아. 자전거는 건강한 생활을 유지하고 체력을 향상시키는 데에도 큰 도움이 돼.

로드자전거

마라톤처럼 자전거로 도로를 달리는 경주

*약 100~250km

트랙자전거

실내트랙에서 스피드 대결하는 종목으로 공기역학과 매우 밀접

산악자전거

돌 길, 구불구불한 길 등 산악지형을 달리는 경기

곡예자전거

300~400m의 장애물 코스를 달리며 다양한 기술과 묘기를 선보이는 경기

••• 공기저항

사이클 경기에서 공기저항은 속도에 매우 큰 영향을 끼치는 요인이야. 공기저항은 속도가 빠를수록 커지기 마련이어서 이를 최소화하기 위해 다양한 연구가 이어지고 있어.

예를 들자면 공기저항을 최소화하고자 자전거 프레임과 타이어를 공기역학적으로 디자인하는 거지. 대표적으로 카본처럼 가벼운 재질, 매끈한 표면처리, 가볍고 안정적인 안장 등이 있어. 또 공기역학적으로 디자인된 의류와 헬멧도 요즘은 어렵지 않게 볼 수 있어. 한편 탑승할 때는 자세를 낮추면 낮출수록 공기저항을 줄일 수 있어.

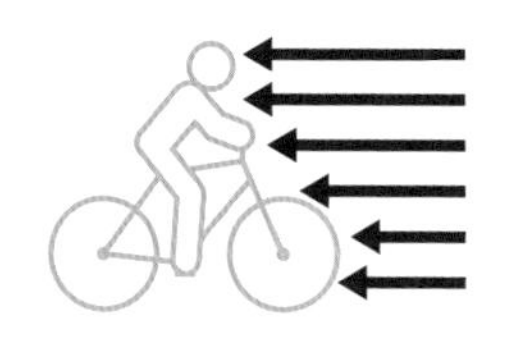

바람을 받는 면적이 넓다

바람을 받는 면적이 좁다

••• 일반용과 선수용 자전거의 차이

일반 자전거는 바람이 부딪치는 부분이 많아. 즉 공기 흐름을 방해하는 요인이 많은 거지. 반면 실내트랙용 자전거는 공기 흐름에 최적화되어 있어. 실내트랙을 달리는 벨로드롬 경기장은 원심력으로 사이클이 밖으로 튕겨 나가지 않도록 경주로가 안쪽으로 기울어져 있어. 이곳을 달리는 벨로드롬용 자전거 바퀴는 바람을 가르며 달릴 때 부드럽고 매끄럽게 지나갈 수 있어 공기와의 마찰을 줄일 수 있는 거지.

PLUS 10 사이클에는 어떤 근육이 사용될까?

사이클을 탈 때는 대퇴근, 대둔근, 햄스트링, 종아리 근육 등 다리근육이 주로 사용돼. 이러한 근육이 자전거를 타는 동안 다양한 움직임과 동작을 수행해. 또 사이클을 재밌게 즐기려면 강인한 지구력이 필요해.

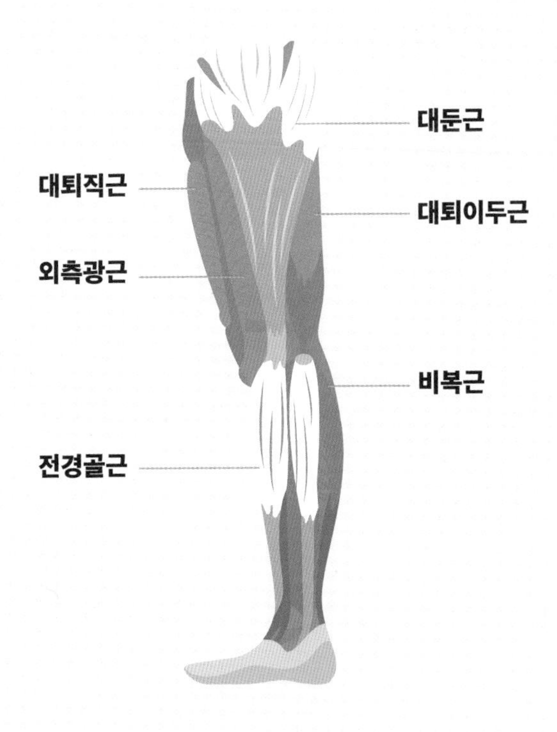

4 신나는 익사이팅 스포츠

나비처럼 날아서 벌처럼 쏴라, 권투

••• 권투의 규칙, 알고 있니?

- 일반적으로 라운드당 3분씩 진행 (여성 권투의 경우 라운드당 2분)
- 아마추어 권투는 3라운드, 프로 권투는 4~10라운드, 세계 타이틀전은 12라운드
- 글러브를 낀 상태로 검지와 중지의 너클 파트로만 상대를 가격할 수 있음
- 손바닥 안쪽, 손등, 주먹안쪽, 바깥쪽으로 가격하는 경우 반칙
- 선수의 경우 콧수염은 기를 수 있지만, 상대방의 눈을 긁을 수 있는 턱수염은 기를 수 없음

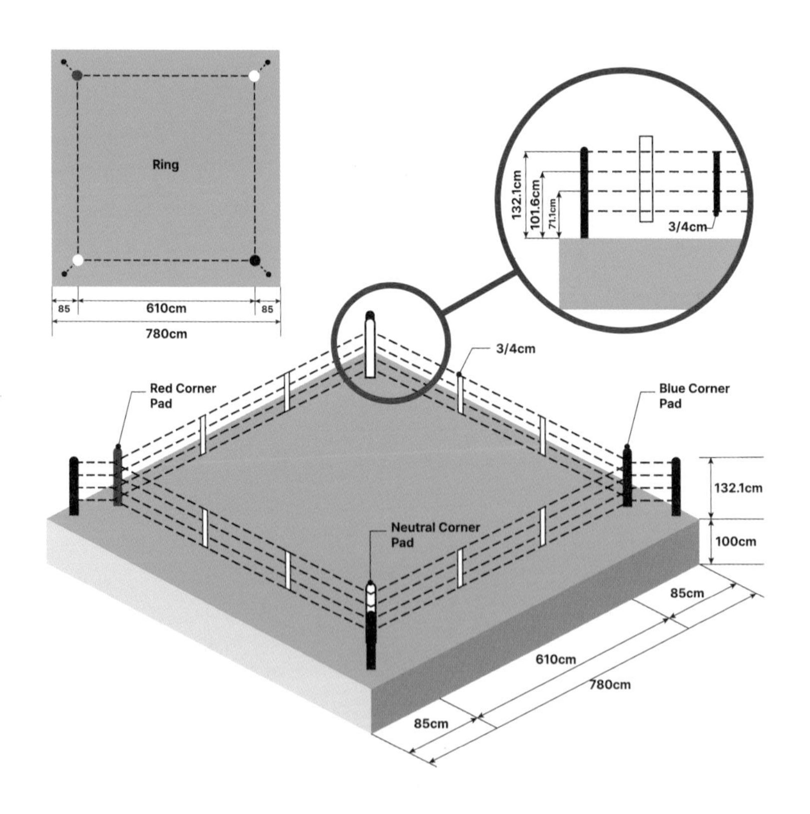

••• 펀치력

권투의 펀치가 다른 격투기보다 훨씬 위력적이라는 사실을 알고 있니? 바로 지렛대의 원리를 이용하기 때문이야. 펀치를 뻗을 때 뒤에 둔 다리가 몸을 지탱하는 동시에 땅을 밀면서 운동에너지를 발생시켜. 이 에너지는 다리와 허리를 지나 가슴과 어깨 근육으로 전달되어 주먹으로 나오게 되는데 그래서 펀치가 어마어마한 거지.

선수의 체급마다 다르겠지만 통상적으로 선수의 펀치력은 450kg에 육박하는데, 이는 시속 50km로 달려오는 말한테 발굽으로 차이는 충격과 같다고 하니 정말 무시무시하지?

••• 글러브

권투 글러브는 왜 착용하는 걸까? 격한 스포츠는 부상의 위험이 있어 필요한 보호장비를 갖추는 것이 중요해. 스포츠용 보호 장비는 충격으로부터 우리 몸을 보호하고 대비하도록 디자인되었어.

글러브는 공격을 당하는 선수를 보호하는 목적도 있지만, 주먹에 가해지는 충격을 분산시켜 공격하는 선수의 손을 보호하는 목적도 있어. 용도에 따라 8온스(약 0.2kg) ~ 16온스(약 0.45kg)의 글러브를 착용해.

••• 체급

시합 며칠 전에 권투 선수들이 푸석한 피부로 몸무게를 측정하는 모습을 본 적 있니? 정해진 체급의 몸무게를 맞추기 위해 몸의 수분까지 내보낸 거야. 권투 경기에서 체급을 지키기 위해 체중을 줄이거나 늘이기 위해 노력하는 모습을 어렵지 않게 볼 수 있어.

그런데 다른 스포츠와 달리 권투는 왜 체급이 나누어져 있을까? 체중을 실어 펀치를 날리는 권투는 몸무게에 비례해 펀치의 파워도 달라지기 때문이야. 그래서 라이트급 선수와 헤비급 선수가 맞붙으면 불공평한 거지. 보통 프로 권투 경기는 18개의 체급으로 나뉘어.

WBC 체급 기준표		
순서	분류(총 18체급)	몸무게(단위: kg / lbs 파운드)
1	미니멈급	47.63(105) 이하
2	주니어플라이(라이트플라이)급	48.99(108)
3	플라이급	50.80(112)
4	주니어밴텀(슈퍼플라이)급	52.16(115)
5	밴텀급	53.52(118)
6	주니어페더(슈퍼밴텀)급	55.34(122)
7	페더급	57.15(126)
8	주니어라이트(슈퍼페더)급	58.97(130)
9	라이트급	61.23(135)
10	주니어웰터(슈퍼라이트)급	63.50(140)
11	웰터급	66.68(147)
12	주니어미들(슈퍼웰터)급	69.85(154)
13	미들급	72.57(160)
14	슈퍼미들급	76.20(168)
15	라이트헤비급	79.38(175)
16	크루저급	90.72(200)
17	브리저급	101.6(224)
18	헤비급	무제한

슈팅 그라운드, 사격

••• 올림픽 장수 종목

사격은 총기를 이용해 목표물을 정확하게 조준하고 명중시키는 스포츠야. 주로 정확성, 집중력, 안정성, 신체적 조절능력과 심리적인 강인성 등의 능력이 요구돼. 1896년 제1회 아테네 올림픽 대회부터 지금까지 정식종목으로 꾸준히 채택된 스포츠기도 해. 최근에는 안전하게 체험할 수 있는 공간이 늘면서 대중스포츠로 자리잡고 있어.

••• 사격 자세

사격은 일정한 자세로 세밀한 움직임이 요구되는 만큼 바르고 안정적인 자세가 중요해.

사격라인 정렬	총기를 쥘 때, 목표물 방향으로 총기를 정렬해.
얼굴 위치	총기를 어깨에 올리고 얼굴은 총기에 가깝게 붙여. 눈은 조준기를 통해 목표물을 바라봐.
손 위치	두 손은 총기를 안정적으로 잡을 수 있도록 앞으로 내밀어 총기를 잡아줘.

발 위치	양발은 어깨 너비만큼 벌려 서 있고, 목표물을 향해 편안한 자세를 유지해.
안정성 유지	몸은 편안한 자세를 지키되, 총기를 안정적으로 지지해.
호흡	조준할 때 깊게 숨을 들이마시고, 호흡을 참는 대신 숨을 내쉴 때 발사해. 이렇게 하면 몸이 안정되고 흔들림이 줄어들어 정확도가 향상될 수 있어.

••• 주머니에 손을 넣는 이유

올림픽에서 사격 경기를 본 적 있니? 과녁에 집중하는 모습뿐만 아니라 선수들 특유의 자세에도 많은 관심이 쏠렸지. 그런데 선수들이 주머니에 손을 넣고 사격을 하는 이유가 무엇일까? 가장 큰 이유는 몸에서 느껴지는 미세한 진동과 심박수로 인한 근 떨림 등을 통제하기 위해서야. 또한, 한쪽 손으로 격발할 때 몸에 균형감과 안정성이 중요한데 한쪽 손을 주머니에 넣음으로써 균형감각을 안정감 있게 유지하는 데 큰 도움이 돼.

SCIENCE X SPORTS

••• 역도화를 신는다고?

역도 선수들이 무거운 바벨을 들 때 신는 역도화는 바닥이 평평하여 오랜 시간 좌우 균형을 잡기가 용이해. 작용·반작용이 중요한 역도에서는 지면을 고르고 강하게 디딜수록 위로 올라가는 힘도 커지기 때문에 체중을 고르게 분산해야 해. 그래서 역도화는 굽을 최소화하고 뒤꿈치에만 굽이 들어가도록 설계되어 있어.

이러한 역도화를 일부 사격선수들도 착용하는데, 체중을 고르게 분산하고 발목의 부담을 적게 주기 때문에 역도화를 착용해.

••• 정확한 총알

총알은 어떻게 정확하고 멀리 날아갈까? 작은 총알이 정확하고 멀리 날아가는 데는 강선(腔 속 빌 강, 線 줄 선)이 중요해. 강선이란 총열 안쪽의 나선형 홈을 말하는데, 이 나선형의 홈을 따라 총알이 회전하며 날아가는 거야. 이때 총알은 회전 관성을 갖게 되고 이로 인해 총알이 안정되게 날아갈 수 있어. 회전 관성은 회전 운동을 하는 상태를 계속 유지하려는 성질인데, 빙글빙글 돌아가는 팽이의 움직임을 생각하면 돼.

PLUS 11 사격에는 어떤 근육이 사용될까?

사격은 주로 팔, 어깨, 등, 가슴, 복근 등 상반신 근육이 사용돼. 이러한 근육들은 자세를 유지하고 안정적으로 사격할 수 있도록 도와줘.

상반신 근육

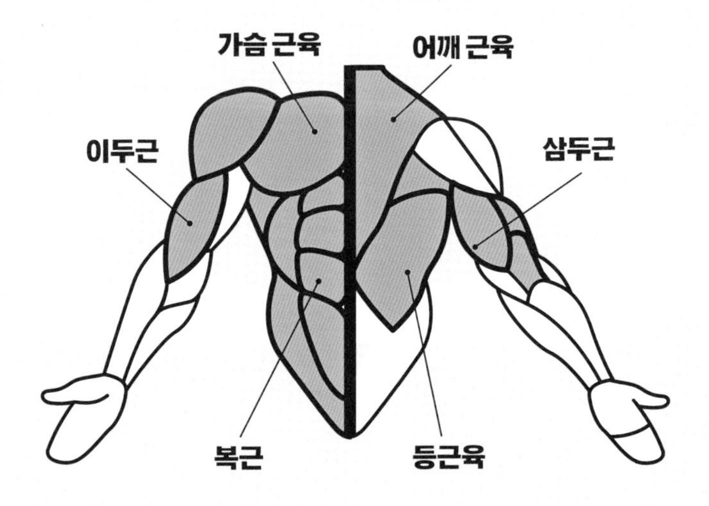

익사이팅 클라이밍

••• 클라이밍은 전신운동!

클라이밍은 수직 또는 경사가 있는 벽이나 암벽을 손과 발을 사용하여 오르는 스포츠를 의미해. 이 활동은 체력, 균형, 유연성, 기술, 그리고 문제 해결 능력이 필요해.

••• 스포츠 클라이밍 홀드 종류

홀드란 실내 클라이밍을 오를 때 잡는 돌을 말해. 크게 저그, 포켓, 언더컷, 크림프, 슬로퍼, 핀치까지 6가지로 분류돼.

저그	손바닥 전체로 잡는 편하고 큰 홀드
포켓	구멍이 나 있어 손가락 2-3개를 넣어 잡는 홀드
언더컷	손바닥이 위로 향하도록 들어올리며 잡는 홀드
크림프	손가락 2~3개의 끝으로 잡는 매우 작은 홀드
슬로퍼	모난 곳과 구멍이 없고 둥글어 손바닥으로 잡는 홀드
핀치	엄지와 나머지 손가락을 마주보고 꼬집어 잡는 홀드

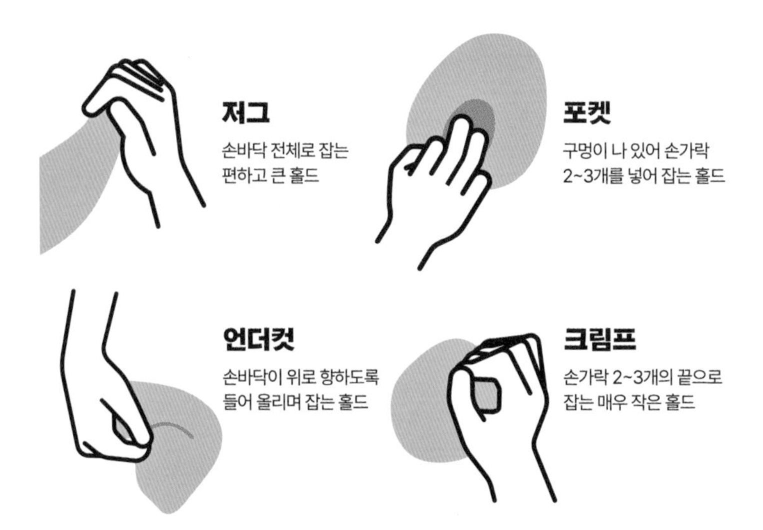

슬로퍼

모난 곳과 구멍이 없고 둥글어
손바닥으로 잡는 홀드

핀치

엄지와 나머지 손가락을
마주보고 꼬집어 잡는 홀드

••• 초크를 사용하는 이유?

클라이밍과 마찰력은 밀접한 관련이 있어. 마찰력은 물체가 다른 물체와 접촉하여 운동할 때 그 물체의 운동을 방해하는 힘이야. 예를 들어, 등반하는 바위 표면이 거칠거나 울퉁불퉁하면 마찰력이 강하고, 바위 표면이 매끈하고 미끄럽다면 마찰력이 감소하며 등반이 어려워지는 거지. 클라이밍 선수는 신발, 손, 그리고 바위 표면 사이의 마찰력을 최대한 활용하여 등반을 시도해. 클라이밍을 할 때 사용하는 초크는 탄산마그네슘 가루와 송진 가루를 섞은 것으로, 마찰력을 올려줘서 손이 미끄러지지 않도록 도와.

••• 클라이밍에는 어떤 근육이 사용될까?

클라이밍은 평소 사용하지 않는 근육까지 모두 사용하는 전신 운동이야. 전신의 근육을 사용하는 방법을 터득하고 익숙하게끔 만들어야 올라가고 내려오는 과정에서 몸의 균형을 잡고 다치지 않을 수 있어.

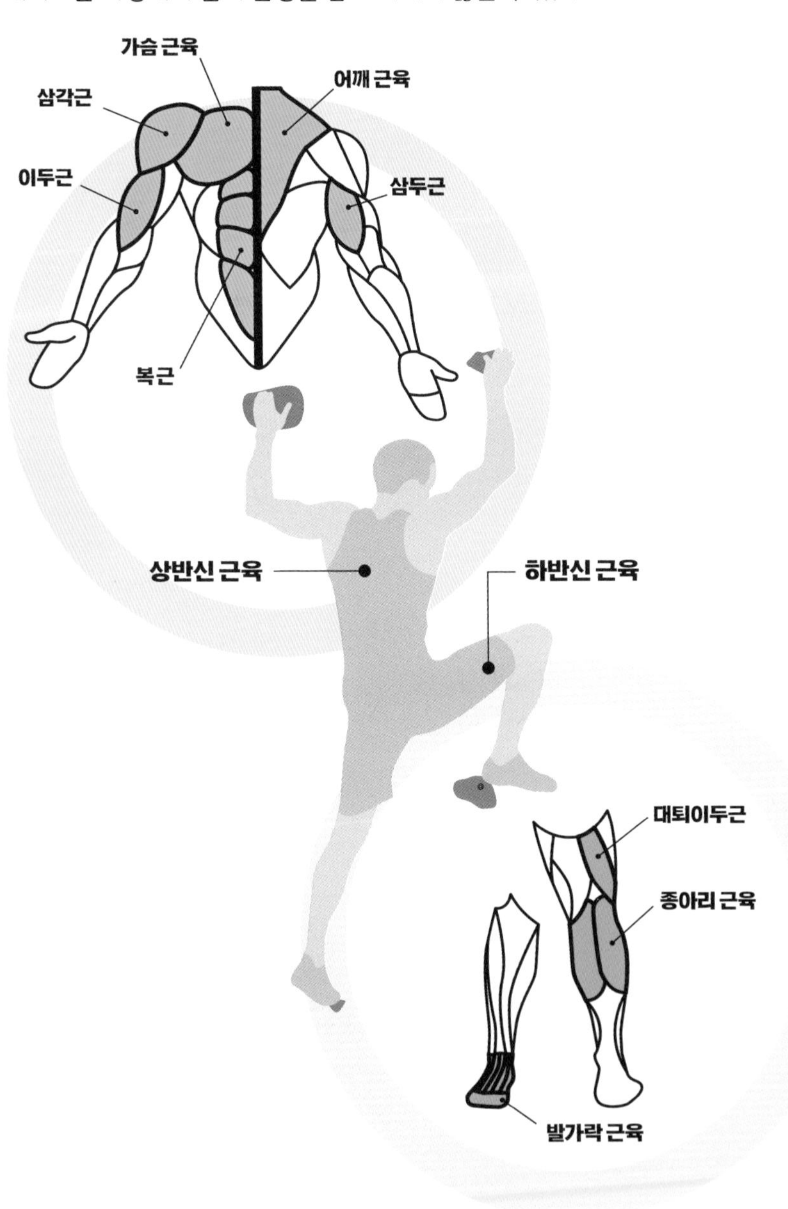

PLUS 12 장애물 달리기에는 어떤 근육이 쓰일까?

장애물 달리기는 8~10분 동안 35개의 장애물을 넘는 경기야. 장애물 달리기를 잘하기 위해서는 장애물과의 거리 판단 능력, 지구력, 유연성과 근력 등이 중요해.

장애물 달리기는 다리 근육을 종합적으로 발달시켜. 장애물을 넘을 때 장딴지 근육, 가자미근, 아킬레스건 등에 힘이 실리고, 허벅지의 대퇴사두근과 햄스트링이 지탱하는 역할을 해.

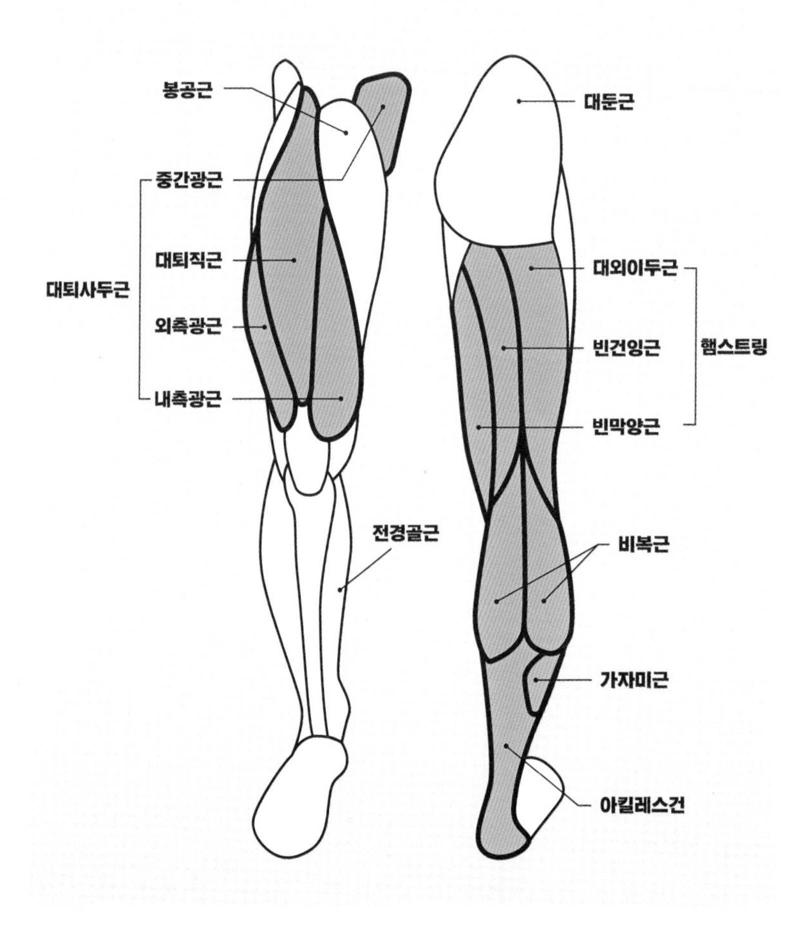

●●●

과학을 만난 스포츠 용품

●●●

과학을 만난 판독시스템

부록

과학 X 스포츠의 사례들

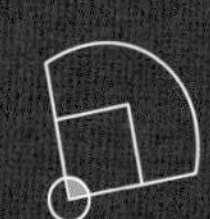

1 스포츠 용품

IT 과학을 만난 스포츠 용품

스포츠와 IT 기술이 접목된 스포츠 테크는 매우 빠르게 성장하고 있어. 부상으로 어려움을 겪던 선수가 극복하는 데 도움을 주기도 하고, 선수의 잠재력을 끌어내 신기록을 달성하는 데 큰 영향을 끼치기도 해. 경기 데이터를 인공지능이 분석해 객관적인 지표를 바탕으로 전략을 짜며 선수들의 경기력 향상은 물론 팬들의 경기 몰입도를 높이는 데도 큰 역할을 하고 있어.

스포츠테크가 접목된 스포츠 용품에는 과연 어떤 과학이 숨어있을까?

다양한 스포츠 경기에서 사용되는 센서들

새로운 소재와 IT 기술을 만난 스포츠 용품들

스마트 배트

배트 끝 부분에 있는 센서로 선수의 타구 속도, 각도, 궤적을 측정 및 분석

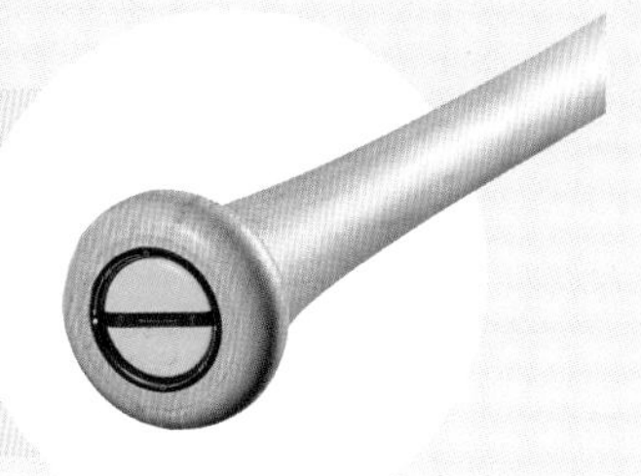

IoT 테니스 라켓

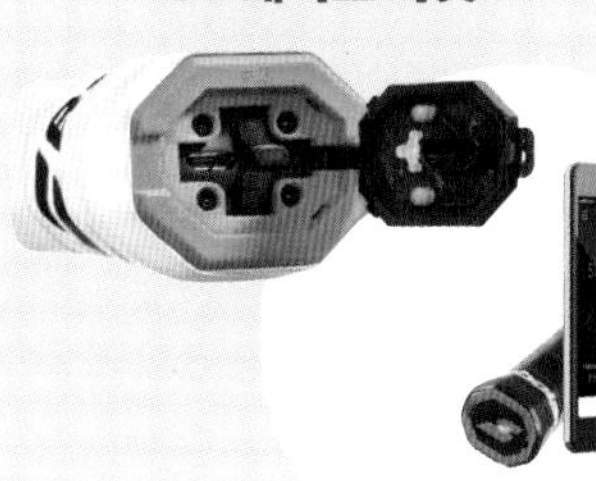

라켓 손잡이 안에 센서가 있어 서브속도와 강도, 충격량 등을 측정 및 분석

스마트볼

공 안에 센서가 있어 공의 스피드, 스핀, 궤적, 타격 포인트 등을 종합적으로 측정 및 분석

축구화

세계 최초 인공지능 축구화로 밑부분에 센서가
장착되어 운동시간, 운동거리, 속도, 등
모든 행동을 측정하고 기록

카본 프레임 자전거

나노카본 프레임으로 알루미늄이나
일반 카본에 비해 진동 감쇄 능력이
50% 이상 높아 주행 시 바이크와
라이더에게 전달되는 충격과 진동이
적어 안정적인 주행 가능

에어리스 농구공

공기주입이 필요없고 3D
프린팅으로 제작되는 획기적인
농구공으로 기존 농구공과 무게,
사이즈, 바운드가 거의 일치

▸ **스마트 인솔**

· 인솔(밑창)에 4개의 압력센서가 부착되어 있어 선수의 데이터를 분석해 비거리 증가에 도움

· 스마트폰 앱으로 무게 중심 이동, 지면 반력, 스윙 밸런스, 템포 사운드, 스윙 비교 분석 가능

▸ **에이밍뷰 골프 방향 측정기**

· 클럽에 센서를 꽂아 타격 각도를 확인할 수 있는 스마트 골프 가이드

· 모션 센싱 엔진을 탑재하여 더 빠르고 정확하게 클럽의 3차원 모션 감지 가능

▸ **보이스 캐디**

· 전문 측량용 드론과 3D 스캔 실측 장비로 데이터를 취득하고 골퍼들의 필드 데이터를 결합해 보다 정확한 필드 데이터 제공

· 티잉 구역부터 홀 아웃 전까지 필요한 코스 정보 자동 안내, 퍼트에 필요한 세부 정보 제공, 나의 필드 샷 평균 데이터를 분석하여 거리별 클럽 추천 기능 보유

▸ **디지털 퍼팅 연습기**

· 정밀 센서, 거리 분석 데이터로 15m이상의 퍼팅 연습 가능

· 측면의 광센서로 볼의 속도를 정밀 체크하고 LED로 퍼팅 거리 확인

▸ **초레이킹 라켓**

· 사물인터넷(IoT) 센서가 탑재되어 있는 탁구 라켓

· 사용자의 스윙 및 라켓 동작을 실시간으로 감지해 데이터 수집

· 전용 앱에서 데이터를 시각적으로 제공하여 사용자가 개선할 부분의 정보 제공

▸ **전자 호구**

· 기존 전자호구의 변칙 기술, 약한 발차기의 문제점을 개선하고자 일정 강도 이상의 발차기만 득점으로 인정되는 새로운 전자호구

· 정확한 기술과 파워풀한 공격에만 득점으로 인정되어 공정한 태권도 경기 운영에 도움

▸ **운동화**

· 운동화에 신발 끈이 달려 있지 않고 발을 넣으면 신발 모양이 발에 맞게 조여지거나 느슨하게 변함

· 신발에 가속도계와 자이로스코프(회전 센서) 등의 센서가 탑재되어 있어 개개인의 움직임 파악 가능

▸ **피트니스 심박계**

· 심박체크로 운동 강도를 파악하고 오버트레이닝으로 인한 부상 가능성을 줄임

· 암밴드형 심박계로 손목시계형에 비해 심박수 정확성이 뛰어나고, 심박수, 운동시간, 칼로리 정보를 어플에 저장하여 체계적인 관리 가능

▸ **VR기기**

· 외부 장치 없이 플레이할 수 있어 휴대 가능

· 50가지 이상의 피트니스 앱과 다양한 운동모드 지원

▸ **수영 심박계**

· 지상 운동의 심박수 측정은 물론 수영모드가 있는 심박계로 팔, 가슴, 머리, 수경 등에 착용 가능

· 수영모드 시 자이로스코프 센서로 사용자의 턴 동작을 인식하고 심박수, 거리, 페이스 등의 정보 제공

▸ **GPS 트래커**

· 축구, 풋살 시 이용하는 웨어러블 GPS 트래커

· 경기 시 최고 속도, 포지션 별 능력치, 오버롤을 객관적인 지표로 제공

2 판독시스템

IT 과학을 만난 경기장

최근 IT 기술은 정확한 판정으로 경기 수준을 비약적으로 끌어올리고 있어. 특히 비디오 판독심(VAR)은 축구와 야구 경기에서 이제 흔한 광경이 되었어. 2022 카타르 월드컵에서는 오프사이드 여부를 가려내기 위해 12대의 카메라와 공인구의 센서가 동원되었어. 국내 프로야구도 2024년부터 로봇심판이 도입되어 사람 심판을 도와주고 있지.

••• 축구의 반자동 오프사이드 판독 기술(SAOT)

축구 경기에서 오프사이드 오심을 최소화하기 위해 도입된 판독 시스템으로, 2022년 카타르 월드컵 본선에서 처음으로 선보였어. 공인구에 탑재된 관성측정장치(IMU)가 공의 이동 속도, 방향, 중력, 가속도 등의 데이터를 실시간으로 모으고, 경기장 지붕에 설치된 12개의 카메라는 선수의 정확한 위치 정보를 파악해. 공을 가진 선수가 공을 차는 순간을 집중적으로 추적하기 때문에 오프사이드 여부를 정확히 판단하는 데 큰 도움을 줘.

1

경기장 지붕 아래 설치된 12개의 카메라가 공과 선수의 움직임을 추적 *초당 50회

2

선수별 신체 위치를 최대 29개의 데이터 포인트로 나눠 인식

3

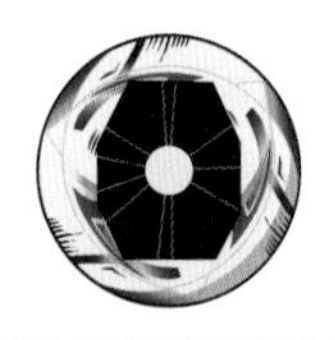

축구공 안에 관성 측정장치 모션센서IMU를 탑재 초당 500회의 데이터를 분석해 공을 차는 시점을 정확히 확인

오프사이드 상황 발생 시 자동으로 VAR 판독관에게 경고를 보냄

5

판독관은 오프사이드 라인을 수동으로 확인한 뒤 주심에게 공지

주심의 최종 판정 후 전광판, 중계방송으로 3D 이미지 송출

••• 테니스의 AI심판 호크아이(Hawk-Eye)

테니스에서 사용되는 기계 판독 시스템 '호크아이'는 경기장 곳곳에 설치된 10여 대의 초고속카메라 사진을 기반으로, 공의 3차원 궤적을 구현하여 직관적으로 판정할 수 있도록 도와.

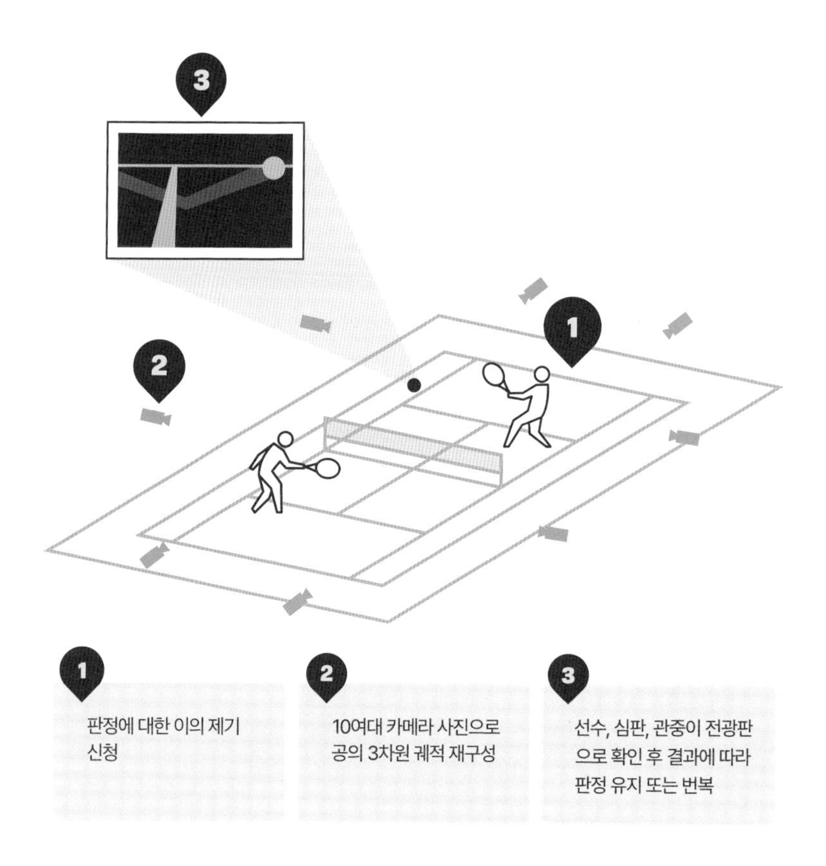

••• KBO리그의 로봇 심판(ABS)

야구에서 ABS(Automatic Ball-Strike System)은 투구의 볼, 스트라이크 여부를 야구장에 설치된 카메라와 레이더로 판정하는 시스템이야. 3대의 전용 카메라가 고정된 그라운드 위치 정보를 바탕으로 모든 투구의 궤적을 실시간 추적하지. 볼, 스트라이크 등의 판정 결과를 주심에게 전달하면 주심이 최종적으로 결정하는 거야. 설왕설래 말 많던 볼, 스트라이크 판정을 정교하게 가려낼 뿐 아니라 일관적이라는 큰 장점이 있어.

••• 스탯캐스트(Statcast)

스탯캐스트는 미국 프로야구인 메이저리그에서 2015시즌부터 활용된 빅데이터 기반의 시스템이야. 투구의 구속, 회전수, 궤적, 발사속도, 발사각도, 주자의 주루속도, 가속도, 반응 속도까지 두루 측정이 가능해. 필드 위에서 일어나는 모든 상황을 숫자로 표현하여 제공하고 있어.

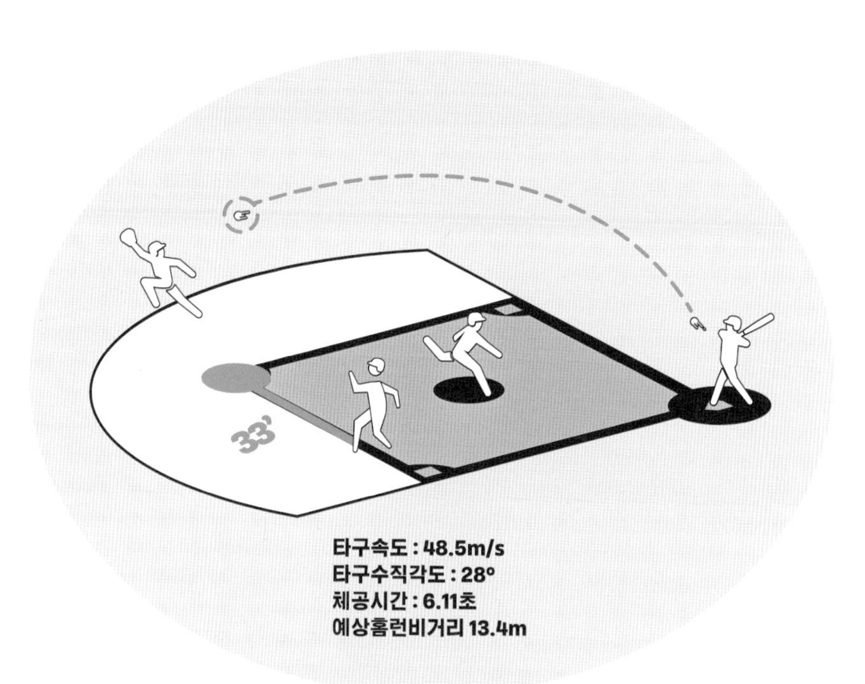

전시 현장

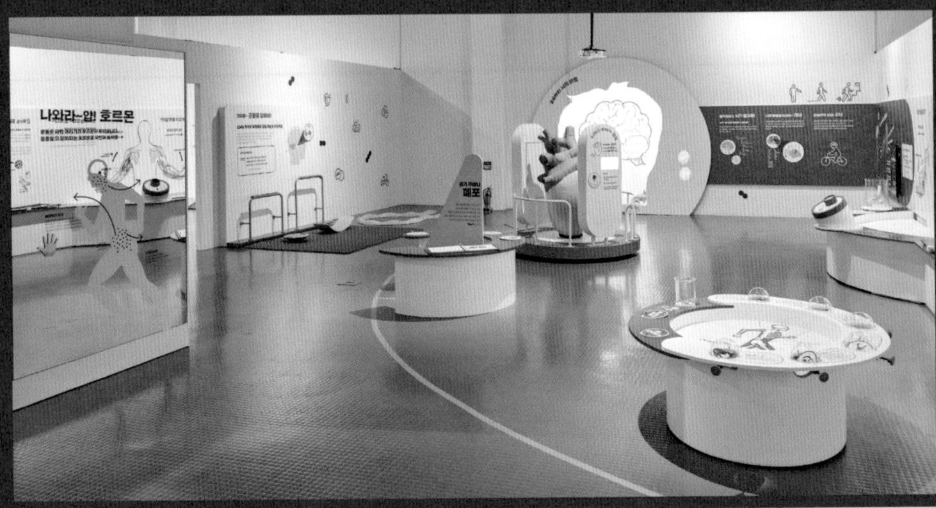

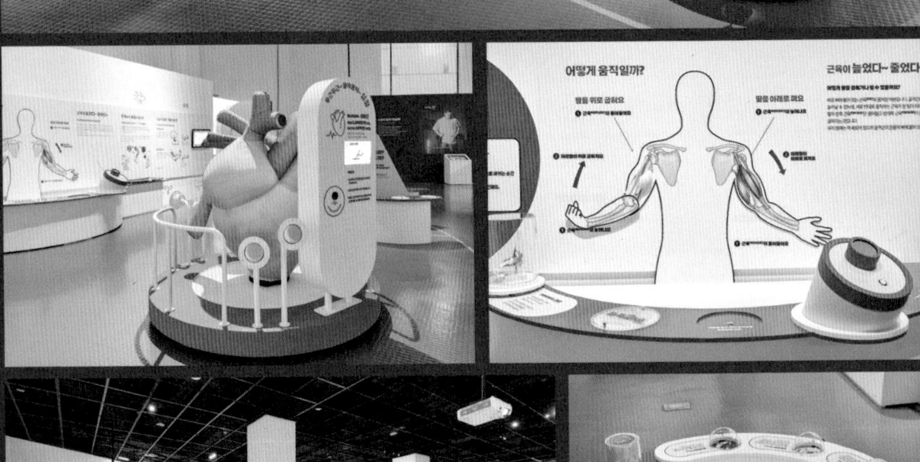

Are You Ready?
과학으로 보는 스포츠

전시 보러가기

전시 현장

Are You Ready?
과학으로 보는 스포츠

전시 보러가기

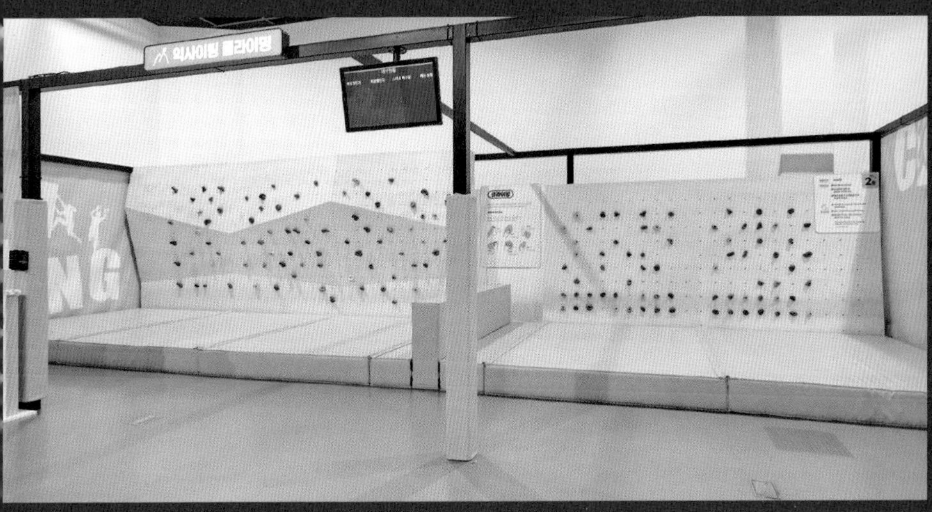

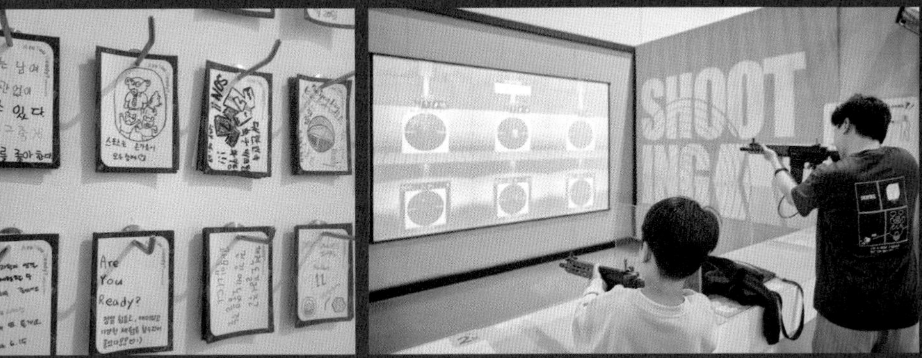

참고 자료

SCIENCE
X
SPORTS

움직이는 **과학** X 생각하는 **스포츠**

참고 문헌

1. 국립중앙과학관, 『Exploralab』, 국립중앙과학관, 2019.

2. 김민정(글)·진주(그림), 『맛있는 과학 41 : 스포츠』, 주니어김영사, 2012.

3. DK 인체 원리 편집위원회, 『인체 원리』, 사이언스북스, 2017.

4. 아이뉴턴 편집부, 『근육과 운동의 과학』, 아이뉴턴, 2018.

5. 이병언, 『고교생이 알아야 할 생물 스페셜』, 신원문화사, 2000.

6. 전영석·홍준의, 『체육 시간에 과학 공부하기』, 웅진주니어, 2011.

7. 조영선(글)·이영호(그림), 『Why? 스포츠 과학』, 예림당, 2019.

참고 사이트

1. 국립스포츠박물관 온라인전시 '준비운동'(kspo.or.kr/sportsmuseum)

2. 국민체력 100(nfa.kspo.or.kr/main.kspo)

전시와 본서 출간에 참여한 사람들·기관

국립부산과학관 실장 **권수진**

선임연구원 **황현주**

국립대구과학관 실장 **최은우**

선임행정원 **김기남**

국립광주과학관 실장 **문경주**

연구원 **허상욱**

(주) 디투씨

국민체육진흥공단

국립스포츠박물관

한국농구연맹

과학 X 스포츠

초판 1쇄　2024년 11월 29일
지 은 이　국립부산과학관

제작유통　㈜호밀밭 homilbooks.com
출판등록　2008년 11월 12일(제338-2008-6호)
　부산광역시 수영구 연수로357번길 17-8
　T. 051-751-8001

ISBN　979-11-6826-153-2 (03400)